I0056350

Gallinas domésticas

Una guía completa para la crianza de gallinas para principiantes, incluyendo consejos sobre la elección de la raza y la construcción del gallinero

© Copyright 2020

Todos los derechos reservados. Ninguna parte de este libro puede ser reproducida de ninguna forma sin el permiso escrito del autor. Los revisores pueden citar breves pasajes en las reseñas.

Descargo de responsabilidad: Ninguna parte de esta publicación puede ser reproducida o transmitida de ninguna forma o por ningún medio, mecánico o electrónico, incluyendo fotocopias o grabaciones, o por ningún sistema de almacenamiento y recuperación de información, o transmitida por correo electrónico sin permiso escrito del editor.

Si bien se ha hecho todo lo posible por verificar la información proporcionada en esta publicación, ni el autor ni el editor asumen responsabilidad alguna por los errores, omisiones o interpretaciones contrarias al tema aquí tratado.

Este libro es solo para fines de entretenimiento. Las opiniones expresadas son únicamente las del autor y no deben tomarse como instrucciones u órdenes de expertos. El lector es responsable de sus propias acciones.

La adhesión a todas las leyes y regulaciones aplicables, incluyendo las leyes internacionales, federales, estatales y locales que rigen la concesión de licencias profesionales, las prácticas comerciales, la publicidad y todos los demás aspectos de la realización de negocios en los EE. UU., Canadá, Reino Unido o cualquier otra jurisdicción es responsabilidad exclusiva del comprador o del lector.

Ni el autor ni el editor asumen responsabilidad alguna en nombre del comprador o lector de estos materiales. Cualquier desaire percibido de cualquier individuo u organización es puramente involuntario.

Tabla de contenido

Introducción

La autosuficiencia, especialmente en lo que se refiere a sus fuentes de alimentación, puede ser extremadamente liberadora. Nadie quiere pasar horas leyendo las etiquetas tratando de averiguar si algo es saludable o no. Aunque no puede controlar de dónde viene toda su comida, criar gallinas en el patio trasero es una forma de asegurarse de que está obteniendo huevos sanos y saludables de su propia bandada.

Las gallinas son de muy bajo mantenimiento, y esta es probablemente la razón por la que criar gallinas domésticas se ha convertido en un pasatiempo popular. Después de todo, ¿quién no querría una mascota que también proporcione huevos frescos? Sin embargo, no todo se trata de los huevos. Las gallinas no solo son una fuente de huevos, sino que también son interesantes mascotas familiares que toda la familia puede disfrutar.

Aunque le interese la crianza de gallinas en su patio trasero, probablemente no sepa por dónde empezar o incluso cómo hacerlo. Por eso hemos compilado una guía simple y directa para los principiantes que quieran criar gallinas. Algunas personas pueden no tener ninguna experiencia con la crianza de gallinas, pero eso no debería disuadirlo de tomar este gratificante hobby.

Este libro le ofrece información detallada sobre cómo iniciar su bandada en el patio trasero. Queremos que pueda cuidar de las gallinas una vez que las tenga, por lo que este libro también le ofrece información detallada sobre cómo criar, cuidar y mantener sus gallinas domésticas. Desde la construcción de un gallinero hasta el equipamiento del mismo, se incluyen todos los accesorios que necesita para cuidar de sus gallinas, y se proporciona toda la información necesaria para comenzar.

Una parte significativa del libro está dedicada al cuidado adecuado de los polluelos y cómo criarlos desde bebés de un día hasta gallinas adultas que ponen huevos. Entendemos que el cuidado de las mascotas es un proceso delicado, y este libro tiene como objetivo equiparlo con todo el conocimiento necesario para criar una bandada saludable y feliz.

Tenemos una sección dedicada a la comprensión del comportamiento de las gallinas que está orientada a ayudarle a vincularse mejor con su bandada. Esa parte del libro está diseñada para ayudarle a captar cualquier señal de socorro en su bandada o cualquier signo de enfermedad. Si ha pensado en criar gallinas domésticas por un tiempo, este es el libro que lo guiará en cómo hacerlo. No es necesario ser un granjero en un entorno rural para criar gallinas sanas. Con las herramientas y la información adecuadas, puede transformar su patio trasero en un refugio seguro para las gallinas.

Naturalmente, el primer lugar para comenzar su viaje a la crianza de gallinas domésticas es entender por qué necesita hacerlo.

Capítulo 1: ¿Por qué criar gallinas en casa?

La crianza de gallinas ya no es solo cosa de personas con granjas rurales. Cada vez más personas se dedican a criar gallinas en sus patios traseros. Probablemente lo haya pensado usted mismo, pero, como en cualquier otro proyecto, todavía se pregunta si los pros son mayores que los contras. Si el atractivo de los huevos frescos no es suficiente para convencerle, todavía hay muchas razones para criar gallinas en su patio trasero.

Ya sea que busque un pasatiempo satisfactorio o, como muchos otros, quiera tener más control sobre lo que hay en su mesa, las gallinas son un gran lugar para empezar. Para la mayoría de las personas que consideran la posibilidad de criar mascotas o ganado de cualquier tipo, el espacio suele ser uno de los principales factores disuasorios. Lo bueno de elegir gallinas es que no ocupan mucho espacio. Si tiene un pequeño patio trasero, aún puede alojar cómodamente una pequeña bandada de gallinas. Para una modesta bandada de unas seis gallinas, necesitará aproximadamente 110 pies cuadrados de espacio. Es por eso que más y más personas han comenzado a criar gallinas en sus patios traseros. Con solo una modesta cantidad de espacio, puede tener su propio suministro de huevos frescos fácilmente disponibles y un pasatiempo gratificante para arrancar.

Otra preocupación clave que puede tener al decidir criar gallinas es cuánto tiempo y mantenimiento se requiere. Las mascotas vienen con su cuota justa de mantenimiento, y las gallinas no son diferentes. Sin embargo, las gallinas son de bajo mantenimiento, y esta no es una de esas actividades que le quitarán horas de su tiempo. Mantener las gallinas requerirá algún esfuerzo de su parte, pero en su mayoría, estas aves son bastante autosuficientes y no requieren de cuidados las 24 horas del día.

Mientras tenga un gallinero seguro para mantener su bandada a salvo de los depredadores, encontrará que las gallinas requieren poca atención. La mayoría de la gente encuentra que el cuidado diario requerido para las gallinas toma menos de media hora al día, así que este no es uno de esos pasatiempos que resultará ser un consumo de tiempo.

Si tiene un perro o un gato, se dará cuenta de que las gallinas son más fáciles de cuidar que los perros o los gatos. Las gallinas no necesitan tanta atención humana como otras mascotas del hogar. Siempre que estén bien alimentadas y alojadas, se dará cuenta de que puede dedicarse a sus asuntos sin tener que vigilarlas todo el tiempo. La mayoría de las personas que crían gallinas le dirán que son fáciles de mantener porque son bastante independientes.

Para las personas que tienen niños en casa, tener mascotas que puedan estar cerca de sus hijos con seguridad y también ayudar a cuidarlas es siempre una ventaja. En lo que respecta a las mascotas, las gallinas no son territoriales y la mayoría no son agresivas. Esto significa que son excelentes mascotas que sus hijos también pueden disfrutar cuidándolas. Nada enseña mejor a los niños pequeños sobre la responsabilidad que el hecho de que ellos ayuden a cuidar una mascota.

Observar a las gallinas también puede ser un pasatiempo divertido e interesante. Las gallinas tienen personalidades y peculiaridades individuales que las hacen divertidas de observar. También pueden ser hermosas, y dependiendo de la raza, algunas pueden ser únicas en términos de apariencia. Algunas gallinas también son amigables y se acercarán a usted o a sus hijos siempre que estén a su vista. Esto significa que este gratificante pasatiempo será cualquier cosa menos aburrido.

Si su patio trasero está bien cerrado, puede dejar a las gallinas en libertad durante el día, ya que las gallinas tienden a ser bastante amigables y no serán agresivas. Por supuesto, si va a dejar a sus gallinas libres en el patio trasero, debe asegurarse de que estén a salvo de los depredadores.

Si su patio trasero está bien cerrado, puede dejar a los pollos libres durante el día, ya que los pollos tienden a ser bastante amigables y no serán agresivos. Por supuesto, si va a dejar a sus pollos libres en el patio trasero, debe asegurarse de que estén a salvo de los depredadores.

Aunque tener una mascota es genial, los pollos tienen el beneficio adicional de ser una fuente de alimento fresco en términos de huevos y carne. Aunque se pueden comprar huevos en el supermercado, nunca se puede estar seguro de la frescura o la calidad de los huevos comprados en la tienda. La creciente popularidad de la crianza de gallinas domésticas, incluso entre celebridades como Jennifer Aniston, Martha Stewart, y muchos más, se debe en parte a que las personas son cada vez más conscientes del tipo de alimentos que comen. Cuando obtiene sus huevos de sus propias gallinas, sabe lo que han estado comiendo, y usted está, por lo tanto, en control de lo que está comiendo. Esto significa que puede elegir alimentar a sus gallinas con comida orgánica y, como resultado, disfrutar de huevos orgánicos que son nutritivos y libres de aditivos GMO.

Cuando compra productos de una tienda de comestibles, tiene poco conocimiento de qué tipo de producto está obteniendo o cómo se criaron las gallinas que produjeron los huevos. Esto significa que no puede estar 100% seguro de la calidad o la frescura de los huevos que está recibiendo. Pero con su propia bandada, usted tiene el control sobre lo que comen, y recoge los huevos diariamente, por lo que la frescura y la calidad están garantizadas. Esto también se aplica a las personas que quieren tener gallinas para carne. Con sus propias gallinas, se le asegura la calidad y que lo que termina en su mesa de comedor está libre de cualquier químico o aditivo dañino.

Los estudios de investigación muestran que los huevos de las gallinas de corral tienden a tener mayores concentraciones de nutrientes como el betacaroteno, el omega 3 y las vitaminas A y E que los huevos procedentes de gallinas en batería o de gallinas criadas en jaulas. Por lo tanto, si usted ha estado indeciso acerca de la crianza de sus propias gallinas, considere los beneficios adicionales para su salud y la de su familia que se derivan de tener control sobre el tipo de huevos que come.

Los huevos y la carne de gallina también pueden proporcionarle una fuente de ingresos adicional. Muchas personas prefieren los productos orgánicos, y puede encontrar fácilmente un mercado para cualquier huevo extra que sus gallinas produzcan. Esto significa que además de proporcionarle alimento a usted y a su familia, las gallinas también pueden servir como fuente de ingresos, y en última instancia puede encontrar que las gallinas terminan pagando por su alimentación y el costo de mantenimiento.

Si una nutrición saludable le parece buena, pero no está seguro del tipo de costos que implicará la crianza de gallinas domésticas, es otra área en la que las gallinas tienen una ventaja sobre otros tipos de mascotas. Las gallinas son relativamente baratas de adquirir y mantener. Para la mayoría de las razas de gallinas, los costos de compra por ave generalmente oscilan entre 3 y 30 dólares. Este costo dependerá de factores como la edad y la raza, pero considerando todo, para una mascota que le va a proporcionar huevos y carne, el costo inicial para la crianza de gallinas domésticas es bastante mínimo.

En cuanto a la alimentación de las gallinas, esta es otra área que no le costará demasiado. Las personas con bandadas modestas de seis aves o menos encuentran que la alimentación de las gallinas solo les cuesta entre 20 y 30 dólares al mes. La comida para gallinas tiende a ser barata y está disponible en tiendas de alimentación, tiendas de mascotas e incluso en tiendas de comestibles. Habrá diferencias en el costo de la alimentación según la marca que escoja y el tipo de alimento que elija, pero en promedio, la mayoría de las personas encuentran que la alimentación para gallinas es asequible.

Otra ventaja cuando se trata de alimentar a las gallinas es que son omnívoras y por lo tanto tienden a comer la mayoría de los tipos de alimentos. Además de la comida para gallinas, encontrarán que las gallinas comerán felizmente cualquier desecho de su mesa. Esto significa que los restos o las sobras de la mesa no tienen por qué desperdiciarse.

Las gallinas también son grandes buscadoras. Cuando se les deja vagar en áreas abiertas como patios o jardines, desenterrarán bichos y otros tipos de comestibles que encuentran en el suelo. Las gallinas no son comedores quisquillosos, y esto significa que no debe preocuparse por mantenerlas bien alimentadas y felices. Por supuesto, es importante asegurarse de que coman cosas saludables, ya que se quiere que produzcan huevos de alta calidad.

Para las personas con jardín, las gallinas no solo son mascotas baratas y de bajo mantenimiento, sino que también producen el mejor abono natural. Si desea fertilizar su jardín con abono orgánico, las gallinas le proporcionarán uno de los mejores fertilizantes naturales. El estiércol de las aves de corral contiene mucho nitrógeno, fósforo y potasio, así como otros nutrientes esenciales que mejoran la calidad de su suelo y le dan plantas más saludables.

Como el estiércol orgánico es más seguro para el medio ambiente, sus cultivos y su salud, puede simplemente limpiar el estiércol de gallina del gallinero y añadirlo a su montón de abono. Además, si sus pollos son de corral, fertilizarán eficazmente la tierra de su jardín o patio mientras deambulan. Dado que las gallinas también tienden a cavar y escarbar el suelo en busca de insectos y a comer hierbas no deseadas, son excelentes cultivadores de jardines, especialmente cuando se prepara para plantar o acaba de limpiar su jardín.

Cuando desee preparar el jardín para la próxima cosecha, las gallinas pueden ayudar a limpiar y fertilizar el jardín. Al utilizar el estiércol orgánico de las gallinas en lugar de fertilizantes artificiales y otros productos químicos, le resultará mucho más fácil cultivar productos orgánicos en su jardín. El tipo de productos o químicos que utilice en su jardín terminará en sus plantas y, en última instancia, en sus alimentos, por lo que el estiércol orgánico le da la opción de cultivar alimentos que son orgánicos y libres de productos químicos nocivos. Si desea cultivar de forma más orgánica y reducir el uso de productos químicos artificiales y fertilizantes en su jardín, encontrará que el estiércol de gallina es una excelente alternativa económica.

Las gallinas pueden ser una de las mascotas más útiles que puede tener en tu patio. Estas útiles aves son buenas para algo más que para los huevos y serán una valiosa adición a cualquier patio trasero. Si ha pensado en criar sus propias gallinas por un tiempo, con un poco de esfuerzo de su parte, puede disfrutar de una gran cantidad de beneficios de su bandada. Aunque necesitará hacer un esfuerzo para criar gallinas en su patio trasero, encontrará que las recompensas superarán con creces cualquier inconveniente.

Capítulo 2: Cosas a considerar antes de adquirir gallinas

Hay muchas razones que hacen que la crianza de sus propias gallinas sea una aventura placentera y gratificante. Desde tener un suministro de huevos frescos hasta el placer de ver crecer a sus pollos, la crianza de gallinas domésticas es atractiva en muchos niveles diferentes. Sin embargo, aunque criar gallinas es gratificante, sigue siendo una responsabilidad que requiere tiempo y esfuerzo.

Esto significa que antes de unirse al grupo de personas que crían gallinas en el patio trasero, debe asegurarse de que está a la altura de la tarea. Hay cosas importantes que debe tener en cuenta antes de embarcarse en la crianza de gallinas. Echemos un vistazo a algunos de los factores que debe considerar.

I. ¿Se permiten gallinas donde vive?

II. ¿Tiene suficiente espacio en su patio trasero para criar gallinas?

III. ¿Tiene tiempo para criar gallinas?

IV. ¿Con qué propósito está criando gallinas?

V. ¿Está preparado para los costos involucrados?

VI. ¿Tiene otras mascotas, y si es así, pueden coexistir con las gallinas?

¿Se permiten gallinas donde vive?

Si usted es un principiante en la crianza de gallinas, antes de considerar cualquier otro factor, primero debe asegurarse de que se le permita tener gallinas en su área. Esto significa que debe averiguar cuáles son las leyes locales. Lo último que desea es ponerse del lado equivocado de las ordenanzas y leyes locales.

Para saber si puede criar legalmente gallinas en el lugar donde vive, puede consultar con la oficina local de zonificación o la oficina del condado. La mayoría de los pueblos y ciudades tendrán sus propias regulaciones sobre la cría de ganado y aves de corral. Algunos condados también proporcionan recursos en línea que ofrecen orientación a las personas que desean criar aves de corral u otro tipo de ganado en sus patios traseros.

Es posible que tenga que adquirir un permiso para sus gallinas. Esto es más o menos similar al tipo de permiso que se obtiene para los perros o los gatos.

También es posible que, aunque las leyes de su área permitan la cría de gallinas, hay un límite en el número de gallinas que se le permite tener. Este límite dependerá de factores como el tamaño de su terreno y las líneas de propiedad. Sin embargo, cada condado tiene su propio límite en el número de gallinas que puede tener. Una vez que tenga esta información, podrá cumplir completamente con las regulaciones establecidas y evitar cualquier complicación en el futuro.

En algunos lugares, las ordenanzas locales son flexibles, y puede obtenerse un permiso para mantener aves adicionales por encima del límite estipulado. Otra regulación con la que necesita familiarizarse es si se le permite o no tener gallos. Los gallos tienden a plantear problemas de ruido, y la cría de gallos no está permitida en algunos pueblos y ciudades. Algunas zonas le permitirán tener un gallo, pero solo hasta los cuatro meses de edad.

También necesitará entender si sus ordenanzas locales le permiten tener gallinas que deambulen libremente en su patio trasero. Dependiendo del lugar donde viva, es posible que haya restricciones de encierro que requieran que mantenga a sus gallinas en un recinto o dentro de un ambiente contenido. Esta será una regulación importante para buscar claridad, especialmente si su objetivo es mantener a las gallinas como una bandada libre.

En algunas áreas, puede que necesite obtener la aprobación de los planes de su gallinero y los materiales de construcción antes de que pueda establecer un gallinero en su patio trasero. Antes de empezar a construir el gallinero, verifique las leyes locales para ver cuáles son las regulaciones. En algunos casos, encontrará que hay regulaciones de distancia impuestas para guiarlo sobre cuán lejos debe estar su gallinero de las líneas de propiedad. La distancia requerida desde las líneas de la propiedad puede variar entre 10 y 90 pies, así que asegúrese de tener claro lo que estipula la ley local antes de construir su gallinero.

Además de las leyes y ordenanzas locales, también tendrá que verificar si hay alguna reglamentación sobre la cría de aves de corral elaborada por la asociación de residentes de su vecindario. Dado que las gallinas pueden ser una preocupación higiénica ruidosa y maloliente para los vecinos, siempre es aconsejable verificar si existen leyes vecinales que regulen si se pueden criar gallinas o cómo se pueden criar. No es conveniente que agrave a sus vecinos, por lo que avisarles de su proyecto puede ayudar a asegurar cierta buena voluntad y a evitar la resistencia de las personas que viven en su zona.

En última instancia, las leyes de su zona determinarán si puede o no criar gallinas, cuántas puede criar y cualquier otra regulación. Si su pueblo o ciudad local no permite la cría de gallinas, eso no significa necesariamente la perdición de su sueño. Las personas han solicitado con éxito a sus gobiernos locales que cambien sus ordenanzas y leyes sobre la cría de aves de corral. Pueden hacerlo a través del ayuntamiento local. Cambiar las ordenanzas o leyes locales puede llevar algún tiempo, pero si se tiene paciencia y se es consecuente, se puede terminar haciendo que se reexaminen las regulaciones de la zona.

¿Tiene suficiente espacio en su patio trasero para criar gallinas?

Aunque las gallinas ocupan relativamente poco espacio, es necesario asegurarse de que el patio trasero tenga suficiente espacio para acomodar un gallinero y un corral para sus gallinas. La regla general es que necesita por lo menos 3 pies cuadrados de espacio por cada gallina en el gallinero. Esto significa que cuanto más grande sea la bandada que quiere mantener, más espacio será necesario.

El gallinero debe tener suficiente espacio para los comederos, los contenedores de agua y una caja de nidos, así como un área de descanso donde las gallinas puedan posarse. Las gallinas pasan mucho tiempo en sus gallineros, por lo que es importante asegurarse de que les proporcione un espacio seguro y cómodo. Cuando el gallinero es demasiado pequeño, las gallinas más pequeñas pueden ser acosadas por las más grandes. Además, tenga en cuenta que debe poder entrar en el gallinero para limpiarlo y recoger los huevos, por lo que debe asegurarse de que hay suficiente espacio en el gallinero para pararse y trabajar.

Las gallinas también necesitarán un corral. Este es el espacio en el que pueden vagar y buscar comida. En promedio, un corral de al menos 15 pies cuadrados por gallina es adecuado, aunque si tiene más espacio sería aún mejor. Cuando las gallinas tienen un amplio espacio en el gallinero y en el corral, es menos probable que se infecten con enfermedades y parásitos. Al igual que no quiere tener otra mascota encerrada en un espacio pequeño, asegurarse de que sus gallinas tengan suficiente espacio es crucial.

Si está buscando criar a sus gallinas en libertad sin corral, manteniéndolas en contención, cuanto mayor sea el espacio que tenga para sus gallinas, mejor. Esto significa que, en promedio, deberá trabajar con unos 25 pies cuadrados por gallina. Sin embargo, siempre tenga en cuenta que, si se permite a sus gallinas deambular libremente por el patio, debe tener medidas de seguridad que las protejan de los depredadores.

En general, las gallinas no serán muy exigentes en términos de espacio. Sin embargo, antes de embarcarse en la crianza de sus gallinas, deje a un lado el área en la que quiere criarlas. El tamaño de esta área le guiará en cuanto al número de gallinas que puede alojar cómodamente en su patio trasero. Las gallinas que viven en áreas espaciosas y bien diseñadas son, en última instancia, más saludables y felices.

¿Tiene tiempo para criar gallinas?

Tener una mascota es una responsabilidad, y las gallinas no son diferentes. Para evitar quedar atrapado en un pasatiempo para el cual no está preparado, es importante entender el tipo de responsabilidades que implica la crianza de las gallinas domésticas. Si bien la crianza de gallinas tiene más que su justa parte de beneficios, también hay tareas a las que enfrentarse, y cualquiera que busque criar gallinas tiene que estar dispuesto a dedicar el tiempo necesario.

La mayoría de las personas que crían gallinas domésticas le dirán que las gallinas son fáciles de mantener y no requieren atención las 24 horas del día. Sin embargo, todavía necesitan ser alimentados y darles de beber de forma diaria, sus gallineros deben ser limpiados, y, por supuesto, tendrá que recolectar los huevos. Esto significa que necesita asignar tiempo diariamente para la alimentación, así como para la recolección de los huevos de su gallinero.

Si bien treinta minutos al día puede no ser demasiado agotador para la mayoría de las personas, si viaja mucho o está lejos de su casa por períodos prolongados, necesitará tener a alguien que cuide de las gallinas mientras usted no está. Naturalmente, cuanto más grande sea su bandada, más tiempo necesitará para cuidar adecuadamente a sus gallinas. Para los principiantes, siempre es aconsejable empezar con una bandada modesta. Una vez que se familiarice con el mantenimiento y los detalles del cuidado de las gallinas, puede aumentar gradualmente el tamaño de su bandada.

Las gallinas tienden a defecar mucho, y el manejo del estiércol es algo habitual para las personas que crían gallinas domésticas. Este estiércol orgánico puede ser muy oloroso si se permite que se acumule, por lo que necesitará encontrar tiempo para limpiar su gallinero regularmente. Procure limpiar su gallinero semanalmente para evitar la acumulación de estiércol en el gallinero. Como el excremento de gallina puede albergar bacterias como la salmonela, necesitará tener un equipo de protección para usar cuando limpie el gallinero. Si tiene un jardín, este abono orgánico puede ser utilizado como fertilizante, por lo que también servirá para su jardín.

También tendrá que limpiar los bebederos y los comederos de las gallinas semanalmente para asegurar que sus gallinas tengan acceso a agua y alimentos limpios y no contaminados. La limpieza a fondo y la higienización profunda se puede hacer dos veces al año. Mientras que varias tareas estarán involucradas en el cuidado de sus gallinas domésticas, algunas de estas tareas solo necesitan hacerse semanalmente para que puedan ser fácilmente manejadas. Sin embargo, algunas personas consideran que algunas de estas tareas son desagradables, por lo que antes de decidir criar gallinas domésticas, debe asegurarse de que está a la altura de la tarea.

La salud y el bienestar de sus gallinas dependerá de lo bien que se las cuide. Esto significa que, aunque las gallinas le proporcionarán huevos y muchos otros beneficios, también tendrá que devolver el tiempo y el esfuerzo invertidos. La mayoría de las personas se meten en pasatiempos sin darse cuenta de cuánto tiempo y trabajo se requerirá, y terminan lamentando su proyecto. Evite este escollo considerando cuidadosamente cuánto tiempo está dispuesto a dedicar a la crianza de gallinas.

¿Con qué propósito está criando gallinas?

Las personas crían gallinas por diferentes razones. Algunos lo hacen por los huevos, otros por la carne, y algunos lo hacen por placer. Sea cual sea el motivo por el que desee criar gallinas será un factor importante a la hora de elegir el tipo y la raza de las gallinas a criar, el tamaño de su bandada y la forma en que decida criarlas.

Una gallina, contrariamente a la creencia popular, no es solo una gallina. Hay varias razas de gallinas, cada una con características únicas. Esto significa que algunas razas son más adecuadas para algunos propósitos que para otros. Las razas de gallinas varían mucho en términos de temperamento, niveles de ruido, capacidad de producción de huevos y muchos otros factores.

Algunas gallinas se adaptan mejor al confinamiento que otras, por lo que este tipo de razas funcionan bien para las personas que no van a criar sus gallinas en libertad. Cosas como el nivel de ruido y el temperamento también son factores importantes a tener en cuenta al determinar las mejores razas para mantener en el patio trasero.

Las razas de gallinas ideales para las personas que crían principalmente gallinas para huevos incluyen razas como Barred Plymouth Rocks y Rhode Island Reds. Estas dos razas son muy buenas para las gallinas domésticas. Son prolíficas ponedoras de huevos y le proporcionarán un flujo constante de huevos. Estas razas se adaptan bien al confinamiento y generalmente no son ruidosas, lo que significa que serán menos molestas para usted y sus vecinos.

Las Rhode Island Reds también tienden a ser dóciles y amigables, por lo que esta es una raza que incluso los niños pueden estar cerca y ayudar a cuidar. En esencia, estas dos razas cumplen la mayoría de los requisitos para lo que necesita una gallina de patio trasero. Otra raza que también funciona bien como gallina de patio trasero es el Gigante de Jersey. También tiene un temperamento tranquilo. Sin embargo, los Gigantes de Jersey tienden a ser grandes y pueden, por lo tanto, requerir más espacio que otras razas de puesta de huevos.

Si desea criar gallinas domésticas como mascotas o por placer, será mejor que elija razas tranquilas y dóciles como el Rhode Island Red. Las razas como la Araucana son más resistentes que otras razas de gallinas domésticas, pero tienden a ser temperamentales y pueden no ser las mejores mascotas, especialmente si tiene hijos. Así que, antes de comprar su primera bandada, siempre considere el propósito para el cual quiere las gallinas. Esto le ayudará a seleccionar la mejor raza para sus necesidades y evitar la desilusión en el futuro.

¿Está preparado para los gastos involucrados?

La crianza de gallinas es una empresa bastante barata. Sin embargo, aún hay gastos involucrados, y necesita estar listo para inyectar algo de dinero en su pasatiempo. Los costos iniciales implicarán gastos como el pago de permisos, la compra de sus gallinas y, por supuesto, el gasto de construir un gallinero y un corral para sus gallinas. Esto significa que los gastos más altos serán al comienzo de su emprendimiento. Una vez que tenga todo en su lugar, los gastos de mantenimiento tienden a estar relacionados en gran medida con la compra de alimentos y la obtención de atención veterinaria para sus gallinas sí y cuando surja la necesidad.

Al comienzo de su proyecto, primero tendrá que asegurarse de que tiene un recinto y un alojamiento adecuados para sus gallinas. Cuando se trata de gallineros, puede comprar un gallinero ya preparado o construirlo usted mismo. Aunque los gallineros prefabricados pueden ahorrarle el tiempo y el esfuerzo que requiere la construcción de uno, terminará gastando más dinero que si lo construyera usted mismo. Las tiendas online como Amazon tienen una amplia gama de gallineros disponibles que van desde los más económicos hasta los más caros. Esto significa que puede comprar uno que satisfaga sus necesidades, pero que esté dentro de su presupuesto.

Cuando se trata de gallineros, construir el suyo propio es una opción popular para la mayoría de los principiantes. Si es hábil con los proyectos al aire libre, puede ahorrarse un buen centavo si decide construir su propio gallinero. Todo lo que necesita son los materiales de construcción y un plan de construcción para su gallinero, y listo. Algunas personas disfrutan construyendo sus propios gallineros porque pueden hacerlo exactamente como quieren para que se adapte mejor a sus necesidades.

Otra ventaja en términos de gastos es que cuando elige construir un gallinero usted mismo, puede utilizar fácilmente material reciclado para hacer el gallinero. Esto significa que puede hacer uso de cualquier material apropiado que tenga a mano sin tener que comprar necesariamente nuevos materiales de construcción. Una vez más, esto es una ventaja si desea una forma rentable de empezar a criar sus gallinas domésticas. Algunas personas encuentran más fácil convertir un cobertizo sin usar en un gallinero. Si tiene un cobertizo al aire libre que no se usa, puede considerar convertirlo en un gallinero.

El otro gasto que deberá afrontar al principio de su proyecto es la compra de las gallinas. Las gallinas son mascotas baratas, y los precios empiezan desde 2 dólares dependiendo de la edad y la raza de las gallinas que necesite. Si desea ahorrar en los costos iniciales de compra, los polluelos son generalmente más baratos que las gallinas adultas, por lo que puede elegir comprar polluelos y criarlos usted mismo hasta que lleguen a la edad de poner los huevos.

Una vez que tenga sus gallinas y su gallinero en su lugar, tendrá que alimentarlas, por supuesto. Esto significa que tendrá gastos recurrentes en términos de compra de alimento. Para las gallinas ponedoras de huevos, el consumo medio de alimento semanal tiende a ser de alrededor de 700 gramos. Esto significa que, con una bandada modesta, una bolsa de alimento le durará bastante tiempo, y los gastos de alimentar a su gallina no serán altos. Las gallinas también son omnívoras, y tienden a comer la mayoría de las cosas. Esto significa que cualquier alimento sobrante no tiene que desperdiciarse, ya que puede alimentar a sus gallinas.

También puede incurrir en gastos adicionales en términos de atención veterinaria en caso de enfermedades. Además, planifique los gastos como la compra de comederos y bebederos y otros artículos diversos para su(s) gallinero(s). En general, dado que las gallinas que tendrá también le proporcionarán huevos y, para algunas personas, carne también, los gastos y beneficios suelen tender a equilibrarse a favor de los beneficios. Si ha decidido criar gallinas en su patio trasero, necesitará una inversión de capital, pero no será demasiado alta, especialmente si solo quiere mantener una pequeña bandada de gallinas.

¿Tiene otras mascotas, y si es así, pueden coexistir con las gallinas?

Antes de traer gallinas a casa, necesita estar seguro de que tiene un ambiente seguro para ellas. Si tiene otras mascotas, ¿podrán compartir el patio con sus gallinas? Las mascotas como los gatos y los perros no siempre están dispuestas a tener otros animales en su espacio. Por lo tanto, pueden representar un peligro para las gallinas. Esta es una consideración que debe tener en cuenta, especialmente si planea dejar a sus gallinas vagar libremente en el patio o vivir en libertad.

Si ha preparado un recinto para sus gallinas, asegúrese de que sea a prueba de depredadores, y sí, esto incluye asegurarse de que sus otras mascotas no podrán llegar a las gallinas o hacerles daño de ninguna manera. Las gallinas son susceptibles a muchos depredadores, y asegurar que se mantengan seguras será una de sus principales responsabilidades. Recuerde, incluso los perros o gatos amistosos pueden dañar a las gallinas, especialmente si aún están en la etapa de cría, así que siempre manténgalos alejados.

En última instancia, la crianza de gallinas es un pasatiempo gratificante, pero sigue siendo una responsabilidad que debe ser tomada en serio. Las gallinas necesitan cuidado y atención para prosperar y mantenerse sanas, así que antes de pensar en criar gallinas domésticas, prepárese para la responsabilidad que esto conlleva.

Capítulo 3: Encontrando la raza adecuada para usted

La decisión más importante que tomará cuando comience a criar gallinas domésticas es qué raza mantener. Para las personas que nunca han criado gallinas, puede parecer que todas las gallinas son muy similares. La verdad es, sin embargo, que hay diferencias significativas entre varias razas de gallinas. Esto significa que, para los principiantes, es importante entender las diferencias clave entre las diversas razas de gallinas y qué es lo que mejor se ajusta a sus necesidades.

Al elegir la mejor raza, su decisión se basará principalmente en la razón por la que quiere conservar las gallinas. Sin embargo, el propósito es solo una parte de lo que debe considerar. Estos son los factores clave que deben guiar su decisión sobre qué raza de gallinas es la mejor para su patio trasero.

1. Su principal propósito para criar gallinas.
2. Su clima particular.
3. El espacio que tiene disponible

Escoger una raza basada en su propósito principal de criar gallinas.

¿Está en esto por los huevos? Aunque todas las razas de gallinas ponen huevos, sus tasas de producción y el tamaño de los huevos varían de una raza a otra. Algunas razas son ponedoras de huevos más prolíficas, mientras que otras son productoras de huevos de tamaño medio. Si su principal objetivo en la crianza de gallinas es tener un suministro constante de huevos para su familia y tal vez incluso un excedente para la venta, entonces, naturalmente, quiere optar por las razas que producen la mayor cantidad de huevos durante todo el año.

Las mejores razas para la producción de huevos

- **Rhode Island Reds**

Esta raza es una de las más populares para poner huevos en los Estados Unidos y por una buena razón. Las gallinas rojas de Rhode Island pueden poner aproximadamente 300 huevos al año. Esta raza pone huevos marrones de tamaño medio. Si está buscando un campeón de puesta de huevos, Rhode Island es una apuesta segura.

Además de ser ponedoras prolíficas, esta raza es bastante de bajo mantenimiento, lo que la convierte en la favorita de las personas que quieren criar gallinas domésticas. Esta raza es robusta, y con una buena alimentación y un cómodo gallinero, este tipo de gallina prospera con poca atención requerida de su parte. También tienden a tener un temperamento suave, por lo que son excelentes mascotas.

- **Plymouth Rock**

Plymouth Rock es otra prolífica raza de puesta de huevos que se desempeñará bien como gallina de patio trasero. En promedio, esta raza pondrá aproximadamente 300 huevos al año. Otra razón para elegir esta raza es que se adaptan bien al confinamiento para que puedan prosperar en espacios pequeños.

Esta raza es dócil y es una gran mascota, ya que no es agresiva ni territorial. También tienen un llamativo plumaje blanco y negro que hace que sea una hermosa bandada.

- **Australorp**

Las Australorp son grandes ponedoras de huevos y pueden llegar a tener un promedio de 300 huevos por año. Esta gran raza requiere mucho espacio debido a su gran tamaño. Esto significa que serán una gran elección si tiene un gran patio trasero con mucho espacio para sus gallinas.

- **Black Sex Link**

Si desea un hermoso pájaro que aún le proporcione muchos huevos durante todo el año, Black Sex Link puede ser la raza adecuada para usted. Esta raza produce huevos de color marrón claro y puede llegar a un promedio de hasta 300 huevos por año.

Estas prolíficas ponedoras son un cruce entre la gallina roja de Rhode Island y la gallina de Barred Rock. Esta raza es popular no solo por su destreza en la puesta de huevos, sino también porque es una raza resistente que no requiere mucho mantenimiento.

- **ISA Brown**

Esta raza es también una prolífica ponedora que se adapta a las personas cuyo objetivo principal en la crianza de gallinas es la producción de huevos. Los gallinas ISA Brown pueden poner hasta 300 huevos por año, lo que las pone en liga con las mejores razas de puesta de huevos. Esta raza se adapta bien al confinamiento y a la vida en el patio trasero. Ya que son tan dóciles, esta raza también es una gran mascota familiar.

Las razas que producen huevos azules

Si le gusta una raza exótica que le dé algo más que los comunes huevos marrones o blancos, algunas razas de gallinas ponen huevos azules. Estas razas incluyen:

- **Araucanas**

Esta raza tiende a ser rara, pero es una gran gallina doméstica y le proporcionará huevos azules. Esta raza de gallinas es fácilmente reconocible, ya que carece de cabeza de cola, una característica común en otras razas de gallinas.

- **Cream Legbars**

Al igual que las Araucanas, la Cream Legbars tiene las piernas azules. Sin embargo, sus huevos tienden a venir en diferentes tonos de azul y no solo un único azul uniforme. Esta raza es, sin embargo, la mejor si se quiere criar gallinas de forma libre. Esto se debe a que no se adapta bien al confinamiento y no prosperará en la contención o en espacios pequeños.

- **Ameraucanas**

Esta es una raza distintiva que se destaca por su característica barba. Estas gallinas también ponen huevos azules y son una gran elección para los criadores de gallinas domésticas con gusto por lo exótico.

¿Está buscando una raza ideal para la producción de carne?

Si está criando gallinas específicamente para carne, entonces encontrará que algunas razas son más adecuadas para este propósito. En general, los buenos productores de carne tienden a ser razas grandes que típicamente crecen a un ritmo mucho más rápido que las razas de puesta de huevos. Esto, por supuesto, no significa que no se obtengan huevos de las razas productoras de carne. Solo significa que no son tan prolíficas en la producción de huevos como las razas ponedoras.

Las mejores razas de gallinas productoras de carne

• Gigante de Jersey

Fiel a su nombre, esta raza crece a un tamaño impresionante en 20 semanas. Es la raza favorita de las personas que crían gallinas domésticas como fuente de carne. Requerirán un amplio alimento para alcanzar su máximo peso.

• Los Freedom Rangers

Esta es una raza común productora de carne que crece bastante rápido. Si no tiene la paciencia para criar la raza Jersey Giant de maduración lenta, puede optar por quedarse con los Freedom Rangers. Esta raza crece hasta la madurez en unas 11 semanas. Esto la convierte en una elección popular entre los criadores de carne. Los Freedom Rangers también tienen la reputación de tener una carne de gran sabor. Sin embargo, requieren mucho espacio para alimentarse y moverse, así que elige esta raza si tiene espacio adecuado en su patio.

• Cornish Cross

El tamaño es un factor importante en la selección de las mejores razas de gallina para la producción de carne. Esta es una de las razones por las que la Cornish Cross de gran tamaño es la opción preferida por las personas que crían gallinas domésticas para carne. Esta raza crece rápido y alcanzará su plena madurez en unas seis semanas. Es famosa por sus grandes muslos y sus amplias pechugas, que son buenas cualidades para las razas productoras de carne.

• Bresse

Las Bresse no es la raza de gallinas productoras de carne de más rápido crecimiento, pero esta raza es popular entre las personas que buscan carne de calidad. Esta raza pesa aproximadamente 3 kilos. Por lo tanto, puede no ser tan grande como las otras razas productoras de carne, pero es una gran elección si se quiere una raza que no sea demasiado grande, pero que sea adecuada para la producción de carne.

¿Desea una raza de doble propósito?

Para algunas personas, la raza de gallina ideal es aquella que puede ser una fuente de huevos y de carne de buena calidad. Si esto suena como justo lo que necesita en sus gallinas domésticas, estas son las razas que debe considerar.

- **Marans**

Las Marans son una raza de gallinas que pueden servir tanto como un medio productor de huevos como una fuente de carne. Esta raza está disponible en una variedad de colores, incluyendo azul cobre, cola negra y cuco dorado, entre otros. Estas gallinas son una raza resistente que no requiere mucho cuidado y mantenimiento. Hacen grandes gallinas domésticas, ya que se adaptan bien al confinamiento y son generalmente de temperamento suave. Esta raza pone huevos marrones oscuro o color chocolate.

- **Sussex**

Esta raza es popular en todo el mundo y es una de las mejores razas si desea criar gallinas domésticas de doble propósito. Lo hacen bien como gallinas de corral y son buenas para buscar comida. Si desea una gallina que sea amigable con los niños, la dócil Sussex cumple con este criterio y es una gran mascota para la familia.

- **Wyandotte**

Esta raza viene en una variedad de colores y a menudo es criada como un ave de exhibición. Sin embargo, si quiere una raza que sirva tanto como fuente de huevos como de carne, el Wyandotte hace ambas cosas bien. También es una gran gallina doméstica, ya que se adapta bien al confinamiento y es naturalmente suave.

- **Turken**

Esta raza también se conoce comúnmente como gallina de cuello desnudo debido a que no tiene plumas en su cuello. Esta raza tiende a ser una gallina resistente y de bajo mantenimiento que es ideal como fuente de huevos frescos y de carne. Esta raza no es generalmente quisquillosa y es lo suficientemente educada para ser una dócil mascota familiar.

¿Qué razas son las mejores mascotas?

Algunas personas tienen gallinas simplemente porque quieren una mascota y un pasatiempo placentero. Si esto le suena a usted, entonces necesita saber qué razas son ideales como mascotas. Cuando busque una raza que sea una buena mascota para la familia, debe tener en cuenta el temperamento de cada raza específica. Algunas razas pueden ser muy melancólicas y pueden atacar, especialmente cuando tienen polluelos pequeños.

Si está buscando una raza dócil que sea segura incluso cerca de los niños, estas son las razas que debe buscar:

- **Plymouth Rocks**

Es una de las razas de gallinas más dóciles y es ideal si quiere una mascota familiar; como ventaja añadida, esta raza es una prolífica ponedora de huevos, por lo que obtendrá lo mejor de ambos mundos si opta por tener esta raza en su bandada de gallinas domésticas.

- **Buff Orpington**

Los Orpington son grandes mascotas debido a su naturaleza dócil y fácil de manejar. Son amigables y son mascotas tranquilas que incluso los niños pueden ayudar a cuidar. Esta raza también es de doble propósito, lo que significa que le proporcionará un suministro decente de huevos y carne si es necesario.

- **Australorp**

¿Qué puede ser mejor que una mascota amistosa que también proporciona un suministro constante de huevos para usted y su familia? Si esto suena como justo lo que necesita, entonces la raza Australorp es una opción ideal para su bandada de patio trasero. Estas gallinas de temperamento suave son amigables y curiosas, y les va bien con las personas.

- Cochin

Aunque bastante grandes en términos de tamaño, la Cochin son gigantes gentiles que suelen ser tranquilas y amigables. Este es un ave que disfruta de un abrazo. A esta esponjosa ave le gusta que la acaricien y se vincula fácilmente con su dueño. Ya que esta raza es también de ponedora media de huevos, se obtiene una mascota amistosa, así como una fuente de huevos frescos si se hace de esta raza parte de la bandada de gallinas domésticas.

Mientras que los gallinas, en general, no pueden ser consideradas mascotas agresivas, hay algunas razas que pueden ser bastante taciturnas. El Silver Laced Serama suele ser considerado la raza de gallinas más agresiva, por lo que quizás debería evitar esta raza si lo que busca es una mascota familiar amistosa.

Razas de gallinas Bantam

Las gallinas Bantam se diferencian de las gallinas normales en un aspecto importante: el tamaño. El tamaño de una gallina Bantam es aproximadamente un cuarto del tamaño de las razas de gallinas normales. Esta pequeña raza de gallinas es una buena ponedora de huevos y tiene la ventaja adicional de consumir menos alimento que las otras razas de gallinas.

Si tiene un patio trasero pequeño, las gallinas Bantam son una gran elección, ya que su pequeño tamaño significa que pueden ser alojadas adecuadamente y criadas en espacios más pequeños. Aquí hay algunas de las razones por las que puede elegir a las gallinas Bantam cuando elija una raza para criar en su patio trasero.

I.   Son buenas ponedoras de huevos. Cada gallina produce unos 4 o 5 huevos a la semana.

II.   Son grandes mascotas debido a su naturaleza dócil y su pequeña estatura.

III.   Requieren menos alimento que otras razas, por lo que su gasto de mantenimiento es menor que el de las razas de gallinas de tamaño normal.

IV.   Estas pequeñas aves son adorablemente lindas y serán una hermosa bandada. Algunas personas incluso las crían como gallinas de exhibición.

Considere la mejor raza para su clima particular.

Diferentes razas de gallinas prosperarán en diferentes climas, dependiendo de su resistencia natural y de las adaptaciones que hayan desarrollado a lo largo del tiempo. Si es principiante, lo mejor es optar por las razas que se adapten al clima de su zona. Esto ayudará a minimizar el riesgo de enfermedades para sus gallinas y a mejorar su bienestar general.

Las mejores razas para climas fríos

Para las zonas frías, busque las razas que se adapten al clima frío. Estas razas tendrán muchas plumas en sus cuerpos para ayudar a mantenerlas calientes. La mayoría de ellas también tienden a tener patas con plumas, lo que ayuda a mantener el calor del ave. Como una adaptación natural a los climas fríos, las razas que se desempeñan bien en condiciones de frío tendrán peines pequeños. Esto les ayuda a evitar la congelación.

Si vive en un clima frío, estas son las razas a las que debe aspirar para formar parte de su bandada en el patio trasero.

• Rhode Island Reds

Esta prolífica raza ponedora de huevos se adapta muy bien al clima frío y le irá bien en los climas fríos. Sus plumas de felpa mantienen a esta raza de gallinas bien aisladas de los elementos.

• Australorps

Al igual que la Rhode Island Reds, las Australorps tienen un plumaje pesado, que les ayuda a mantenerse calientes incluso en condiciones de frío. Cuando usted va a por aves que están adaptadas a climas más fríos, está seguro de que prosperarán en su patio trasero y no tendrá que lidiar con constantes enfermedades o incluso con aves que mueren debido a condiciones climáticas adversas.

- **Brahma**

Esta raza tiene las características patas de pluma que hacen que algunas razas de gallinas se adapten mejor a los climas fríos. Esta gran raza de gallinas es dócil y muy amigable y por lo tanto es una gran mascota familiar. También le suministrará huevos, aunque es más conocida como una raza productora de carne.

Si está en un clima frío y quiere una raza resistente que esté construida para soportar las condiciones de frío, las gallinas Brahma son una buena opción para su bandada.

- **Dominique**

Esta raza de gallinas es pequeña en estatura, pero está equipada con suficiente plumaje para mantenerla caliente en climas fríos. De hecho, esta raza no tolera bien el calor y por lo tanto es ideal para usted si vive en una región fría y necesita una bandada de gallinas que se adapte a ese clima en particular.

- **Ameraucanas**

Las Ameraucanas son famosas por sus huevos azules, pero esta raza en particular también prospera en condiciones de frío. Aunque no es la más prolífica de las ponedoras de huevos, aun así, obtendrá un suministro decente de huevos de esta raza.

Las mejores razas para climas cálidos

Si se va en un clima caluroso, entonces de manera similar, necesitará razas de gallinas que se adapten a ese clima particular y puedan sobrevivir a las altas temperaturas. En términos de crianza de gallinas, las áreas que se clasifican como calientes son aquellas que tienen un promedio de 32 grados centígrados o más. Para que las razas se desempeñen bien en un clima tan caluroso, necesitan tener adaptaciones naturales que reduzcan el efecto del calor en la gallina. Estas adaptaciones incluyen un plumaje más claro, colores más claros que no absorben tanto calor y cuerpos más pequeños.

En climas cálidos, estas son las razas que prosperarán y se desempeñarán bien.

- **Plymouth Rock**

Ya hemos cubierto esta raza en particular bajo las mejores razas para la puesta de huevos, así como su idoneidad como mascota familiar. Estos atributos la convierten en una de las razas de gallinas domésticas más populares para zonas calientes. Esta resistente raza es adaptable y se adapta bien tanto a condiciones de frío como de calor, lo que la convierte en una de las razas más versátiles que puede tener en su bandada.

- **Golden Buff**

Esta raza es resistente y se adapta bien a los climas cálidos. También se adapta bien a los climas fríos, así que puede mantenerla independientemente del tipo de clima en el que viva.

- **Leghorn**

En climas cálidos, la raza Leghorn se destaca por su naturaleza robusta y resistente. Estas aves son buenas para poner huevos y se recomiendan para las personas que quieren una raza que sea buena para poner huevos y que prospere en climas cálidos.

- **Fayoumi**

Las Fayoumis son aves llamativas que son lo suficientemente resistentes para prosperar en condiciones de calor extremo. Se adaptan bien a los climas cálidos y le convendría si quiere una llamativa bandada de gallinas de exhibición.

Escoja las razas en base al espacio que tenga disponible.

Las razas grandes naturalmente requerirán más espacio, y por lo tanto debe ser consciente del tamaño de la raza que está comprando. A menudo, si está comprando polluelos no podrá estimar el tamaño potencial de la gallina adulta. Aunque el espacio solo se convertirá en un tema urgente si quiere mantener grandes bandadas, es mejor asegurarse de que tiene el espacio adecuado para la raza particular que quiere comprar.

Cuando las gallinas se hacinan en espacios pequeños, el riesgo de que las enfermedades infecciosas y los parásitos se propaguen entre ellas aumenta significativamente. Esto puede terminar siendo costoso, y por lo tanto es mejor evitar la situación por completo. La mayoría de las razas que son mejores para la producción de carne tienden a ser más grandes que las razas de puesta de huevos, lo que significa que si se quiere criar gallinas para carne, probablemente se necesitará más espacio.

Las razas de gallinas grandes que requieren mucho espacio incluyen razas como Jersey Giant, Cochin, Brahma, Cornish, Orpington, Rhode Island Red y New Hampshire. Aunque estas razas son grandes, todavía es posible criarlas en un pequeño patio siempre y cuando se mantenga una bandada modesta para que cada ave tenga suficiente espacio para vivir.

También es importante señalar que, aparte de más espacio, la crianza de gallinas grandes es más o menos lo mismo que la crianza de razas más pequeñas y medianas. Algunas personas piensan erróneamente que las razas más grandes son más agresivas. Esto no es cierto de ninguna manera, ya que el temperamento de una gallina no está conectado con su tamaño. De hecho, la mayoría de las razas más amigables y dóciles tienden a ser razas grandes como el Jersey Giant, Rhode Island Reds, Cochin y Plymouth Rocks.

En última instancia, cualquiera que sea la raza de gallina que escoja para su bandada en el patio trasero, necesitará cuidarla y nutrirla bien para que pueda prosperar. El cuidado de sus gallinas domésticas asegurando que estén bien alimentadas, alojadas adecuadamente, y que tengan un ambiente limpio y seguro serán los factores principales para determinar si usted obtiene lo mejor de su bandada de gallinas domésticas.

Capítulo 4: Preparación y selección de un gallinero

Antes de traer las gallinas a casa, deberá preparar su área de vivienda. Esto significa tener un gallinero para albergar a sus gallinas y un corral para que ellas se alimenten, así como todos los demás materiales necesarios para el cuidado adecuado de las gallinas. Si es la primera vez que cría pollos, probablemente tenga que empezar de cero. Esto significa identificar dónde quiere que esté el gallinero, cuán grande o pequeño será, y si va a criar a sus gallinas en libertad o no.

Las gallinas, como cualquier otra mascota, tienen requisitos básicos que deben ser cumplidos. Estos requisitos son los factores que le guiarán en la preparación del patio trasero de sus gallinas antes de traerlas a casa. Usted quiere evitar una situación en la que trae su bandada a casa solo para darse cuenta de que le falta algo esencial.

Estos son los requerimientos básicos necesarios para que sus gallinas estén saludables y felices.

- Un refugio bien construido para albergar a las gallinas, que es el gallinero
- Comida y agua
- Suficiente espacio para moverse

- Un corral de gallinas o un área de forraje para que excaven, rasquen, etc.

- Un lugar de anidación seguro para las gallinas de cría

Eligiendo el lugar correcto para el gallinero

Cuando se trata de la preparación para la crianza de gallinas domésticas, la primera cosa que necesita averiguar es el gallinero, que es básicamente donde sus gallinas estarán refugiadas. El gallinero plantea varias preguntas que deben responderse antes de identificar el gallinero adecuado para sus necesidades particulares; cosas como el tamaño de la bandada que desea, si construir o comprar el gallinero, el tamaño adecuado, y si desea o no un gallinero fijo. Sin embargo, incluso antes de llegar a todo eso, primero debe averiguar dónde colocar el gallinero en su patio.

La ubicación es una consideración importante cuando se trata de proveer un refugio apropiado para sus gallinas. El lugar donde coloque su gallinero implica factores como la cantidad de sol y sombra que recibirán sus gallinas, la exposición al viento, la seguridad, la conveniencia y un sinnúmero de otros factores clave. Además, los gallineros pueden oler muy mal, y también tienden a atraer insectos. Esto significa que, si ubica el gallinero demasiado cerca de su casa, puede que tenga que lidiar con el olor desagradable y los insectos.

Para asegurarse de que la ubicación del gallinero sea la correcta, tenga en cuenta las siguientes consideraciones al elegir el lugar ideal para su gallinero.

1. Distancia del gallinero a su casa

La regla general es asegurarse de no colocar el gallinero al lado de su casa. Como el excremento de gallina tiende a tener un olor fuerte, este olor puede convertirse fácilmente en una molestia si el gallinero está demasiado cerca de su casa.

También encontrará que las gallinas tienden a atraer insectos y bichos, que usted, por supuesto, no quiere que se conviertan en un accesorio permanente en su casa. Cuando elija la mejor ubicación para su gallinero, identifique un lugar que no esté directamente al lado de su casa, pero que esté lo suficientemente cerca para acceder a él convenientemente.

Al tener el gallinero no muy lejos de su casa, podrá revisarlo fácilmente cuando lo necesite. Como también necesita alimento, agua y recoger huevos del gallinero, esto significa que hará viajes al gallinero diariamente, por lo que tenerlo cerca facilitará mucho sus tareas.

En caso de que necesite conectar la electricidad a su gallinero para la calefacción o cualquier otra razón, será más fácil si no está demasiado lejos de su casa. Esto también se aplica a las comodidades como el agua para limpiar y abrevadero para sus gallinas. En resumen, encuentre un lugar para su gallinero que no esté directamente adyacente a su casa, pero tampoco demasiado lejos.

2. Encuentre un lugar con un terreno plano

Es importante asegurarse de que el gallinero esté situado en un terreno plano. Esto ayudará a asegurar que la estructura sea estable y duradera. Puede despejar un parche nivelado para su gallinero. Recuerde que el área también debe tener un buen drenaje, ya que no quiere que su gallinero se sumerja en agua durante los meses más húmedos.

Si vive en un área extremadamente húmeda, poner una base de concreto hará que la estructura del gallinero sea más estable y duradera. Algunos gallineros están construidos con pisos flotantes, lo que básicamente significa que el piso está suspendido sobre el suelo en bloques de concreto para crear una superficie nivelada.

3. Su gallinero debería tener suficiente área de búsqueda de alimento a su alrededor.

A las gallinas les encanta escarbar en busca de bichos, buscar comida en el suelo. Por lo tanto, tiene que asegurarse de que su gallinero tiene suficiente área de forraje a su alrededor. El tamaño del área de forraje, por supuesto, dependerá del tamaño de su bandada, pero tener al menos 8 pies cuadrados por gallina es lo mejor. Un área de forraje ideal puede ser una combinación de una parcela de hierba y tierra.

Cuando no se deja suficiente espacio para que las gallinas deambulen, se vuelven más propensas a las infecciones y a la mala salud. Si confina a sus gallinas a un corral, asegúrese de que tenga suficiente espacio para que se alimenten según el tamaño de su bandada. En el caso de las gallinas criadas en libertad que no están confinadas a un corral, deberá asegurarse de que su patio tenga suficiente área de forraje para el número de gallinas que pretende criar. En el caso de las gallinas criadas en libertad, el área de forraje recomendada es de aproximadamente 250 pies cuadrados por ave.

4. Su gallinero debe estar en un área que no sea muy ventilada

Desea que sus gallinas estén bien calientes en su gallinero, especialmente durante los meses más fríos. Esto significa que, al elegir la ubicación de su gallinero, considere si el área tiene unos cortavientos. Colocar el gallinero en un área con algunos cortavientos, como árboles o una estructura alta, asegurará que las temperaturas en el gallinero no se vean afectadas negativamente por las condiciones de viento.

5. Escoja un área que reciba algo de sol, pero que también tenga algo de sombra

Su gallinero debería estar en un área que reciba algo de sol. También debe tener algunas áreas sombreadas donde sus gallinas puedan buscar un respiro del sol en los meses más calurosos; las gallinas prosperan en un lugar donde puedan disfrutar tanto del sol como de algunas áreas sombreadas cuando hace demasiado calor. Si puede encontrar un lugar soleado con algunos árboles que puedan ofrecer algo de sombra para el gallinero y el área de forraje, será un lugar ideal.

Cómo elegir el gallinero adecuado

Una vez que haya encontrado el lugar perfecto para su gallinero, el siguiente paso, por supuesto, es identificar el mejor gallinero para sus necesidades. Hay muchas opciones cuando se trata de gallineros. Las variaciones en tamaño, forma y diseño significan que hay un gallinero disponible que se adapta a diferentes necesidades. Sin embargo, necesita saber qué hace un buen gallinero antes de decidirse por un diseño particular.

Estas son las principales consideraciones a tener en cuenta cuando se escoge un gallinero.

I. Tamaño

II. Estructuras internas; barras de descanso y cajas de anidación

III. Ventilación

IV. Seguridad

Tamaño

La primera consideración al elegir un gallinero es asegurarse de que el gallinero es del tamaño adecuado para su rebaño. Dependiendo de cuántas aves desee tener, y del tamaño de la raza que haya elegido, la cantidad de espacio que necesite en el gallinero variará.

Debe asegurarse de que su gallinero es del tamaño adecuado para la bandada que pretende mantener. Aunque puede permitir más pies cuadrados que los recomendados, no se exceda. Un gallinero demasiado grande puede ser más frío y requerir más calefacción para mantener a sus gallinas calientes.

Para las razas grandes, como los Jersey Giants, Plymouth Rock o Rhode Island Reds, necesitará un mínimo de 4 pies cuadrados por ave en el gallinero. Este es el espacio mínimo por ave, y siempre puede tener un mayor espacio para sus gallinas.

Para las razas medianas como la Leghorn, debe tener un espacio mínimo de 3 pies cuadrados por ave. De nuevo, este es el espacio mínimo, así que siempre puede tener un mayor espacio para sus gallinas.

Las razas más pequeñas como la Bantams no requieren mucho espacio. Un promedio de 2 pies cuadrados por gallina debería ser suficiente si su bandada está compuesta por gallinas de razas pequeñas.

Cuando su gallinero es demasiado pequeño para su bandada, puede causar los siguientes problemas:

- Mala salud de las gallinas debido a los altos niveles de amoníaco en el gallinero por la acumulación de estiércol.
- Mala producción de huevos debido a las condiciones de hacinamiento en el gallinero.
- Intimidación y comportamiento agresivo entre la bandada mientras cada uno lucha por el espacio.

Estructuras internas del gallinero: Barras de posada y cajas de nido

Una vez que haya calculado los pies cuadrados del gallinero que serán adecuados para albergar a su bandada de gallinas, debe considerar el tamaño apropiado de las estructuras dentro del gallinero.

Una de las estructuras más importantes dentro de su gallinero serán las barras de descanso. Las gallinas no duermen en el suelo. Necesitan barras para dormir que se levanten de la superficie del gallinero. Las barras deben estar más altas que los nidos del gallinero.

Las barras de descanso deben proporcionar un espacio adecuado para cada ave dentro del gallinero para evitar el hacinamiento. La barra de descanso debe proporcionar aproximadamente 8 pulgadas de espacio por gallina. Durante los meses más fríos, las gallinas tienden a acercarse unas a otras, así que no construya las barras de descanso demasiado grandes.

Las cajas de anidación proveen un espacio privado para que sus gallinas pongan huevos y para que las gallinas críen. Aunque no es necesario que haya demasiados, asegúrese de tener al menos uno de cada tres gallinas en su bandada. Esto significa que, para una bandada de 12 gallinas, cuatro cajas de nido serán suficientes. Tener suficientes cajas de anidación asegura que sus gallinas tengan un lugar seguro para poner sus huevos.

El corral de las gallinas

Aparte del interior del gallinero, también necesitará asegurarse de que el espacio exterior para sus gallinas, o el "corral de las gallinas", es del tamaño apropiado. Recuerde que cuando sus gallinas no estén en el gallinero, buscarán comida afuera en el corral, así que es una extensión importante del gallinero. El área recomendada para el corral de los gallinas es de al menos 8 pies cuadrados por ave.

Si planea criar a sus gallinas en libertad, puede que no necesite un corral al aire libre. Sin embargo, incluso para las gallinas criadas en libertad, tener un área de confinamiento puede ser útil cuando se necesita encerrar a las gallinas por un tiempo por una u otra razón.

Ventilación

El gallinero debe estar adecuadamente ventilado, y debe permitir la suficiente circulación de aire. Esto significa que el gallinero debe tener suficientes respiraderos para que el aire entre y salga del gallinero. Cuando la ventilación es pobre, la acumulación de amoníaco en el gallinero por el excremento de las gallinas puede causarles problemas de salud a las mismas. Asegúrese de que las rejillas de ventilación estén bien aseguradas con malla gallinera para evitar que los depredadores y roedores entren en el gallinero.

Seguridad

A menos que desee despertarse un día y descubrir que un astuto zorro o mapache se ha alimentado de sus gallinas, tendrá que dar prioridad a la seguridad al elegir un gallinero. Las gallinas tienen muchos depredadores, desde el típico perro o gato doméstico hasta zarigüeyas, zorros y mapaches. Esto significa que los gallineros deben ofrecer una protección adecuada para sus gallinas.

Un gallinero seguro no debe tener espacios que permitan la entrada de ratas o serpientes. Incluso los espacios de ventilación deben estar bien cubiertos con malla gallinera para mantener a los roedores y depredadores fuera. Además, asegúrese de que las puertas estén bien aseguradas con cerraduras a prueba de niños que permanezcan cerradas. Mantenga a sus gallinas encerradas en los gallineros todas las noches.

Siempre es aconsejable mantener los alimentos de las gallinas en un área separada y no en el gallinero. Esto es porque algunos depredadores serán atraídos al gallinero por el alimento de las gallinas. Lo mismo debería suceder con los huevos de gallina. No se acostumbre a dejarlos sin recolectar en el gallinero durante días, ya que atraerán a los depredadores al gallinero. Algunos depredadores están más interesados en la comida y los huevos de las gallinas que en las propias gallinas, así que, si puede evitar poner comida en el gallinero, disuadirá a esos depredadores.

Su gallinero también debe tener un techo seguro. Esto servirá para mantener a los depredadores fuera y también asegurar que su gallinero se mantenga a prueba de humedad, especialmente durante el tiempo húmedo. A las gallinas no les gusta que les llueva, así que es importante que el gallinero esté bien cubierto.

Las precauciones de seguridad también serán necesarias para el gallinero, ya que sus gallinas también pasarán tiempo al aire libre. El corral debe ser cerrado con materiales de cercado que tengan aberturas muy pequeñas como malla gallinera, malla soldada o red eléctrica. Esto asegurará que incluso cuando sus gallinas estén al aire libre, estén bien protegidas. En áreas con depredadores voladores como halcones y búhos, se pueden utilizar cercas aéreas para que el corral sea más seguro.

Si está buscando criar a sus gallinas en libertad, tendrá que asegurarse de que su patio esté bien asegurado para que sus gallinas puedan alimentarse con seguridad. Esto significa que hay que asegurarse de que el cercado de su patio esté intacto y sea lo suficientemente alto como para mantener alejados a los depredadores. También puede enterrar malla de alambre soldado o cualquier otro material de cercado de malla pequeña para disuadir a los depredadores que tienden a cavar agujeros para acceder a las gallinas en el corral.

Asegurándose de que su gallinero está listo para las gallinas

Comederos y bebederos

Una vez que haya encontrado el lugar correcto para su gallinero y haya encontrado el mejor gallinero para sus necesidades, el siguiente paso es asegurarse de que su gallinero está equipado para albergar a las gallinas. Naturalmente, necesitará alimentar a sus gallinas, así que tendrá que conseguir comederos y bebederos para el gallinero.

Los comederos de gallinas vienen en una variedad de formas y tamaños. El mejor comedero para sus gallinas dependerá del tamaño de su bandada. También hay comederos más pequeños que están diseñados para ser usados específicamente para los polluelos, así que asegúrese de comprar el comedero apropiado.

El tipo más común de comedero para gallinas es el comedero dispensador. Este dispensador de alimento libera gradualmente el alimento a medida que se consume. Estos tipos de comederos se pueden colgar para mantener la suciedad y los desechos fuera del alimento y también para desalentar a los insectos y roedores.

Algunas personas optan por los comederos automáticos que solo necesitan ser rellenados ocasionalmente. Esta puede ser una buena elección si se quiere un comedero que no necesite ser rellenado cada dos días. Sin embargo, no necesariamente necesita un comedero costoso para hacer el trabajo. Incluso un comedero casero para gallinas de materiales reciclados como los contenedores de plástico servirá para el mismo propósito que un comedero comprado en una tienda. Puede hacer fácilmente un comedero de gallinas casero usando un cubo o cualquier otro tipo de recipiente de plástico.

Siempre es aconsejable mantener los comederos dentro del gallinero para proteger el alimento de los elementos. Sin embargo, puede escoger tener un comedero en el gallinero siempre y cuando lo coloque donde esté a salvo de la lluvia, la suciedad y los escombros. Para asegurarse de que todas sus gallinas tengan acceso a un comedero, asegúrese de tener suficientes comederos para acomodar a toda la bandada. Si sus comederos son muy pocos, las gallinas más pequeñas pueden ser intimidadas durante el tiempo de alimentación. Tenga al menos un comedero por cada diez aves.

Aparte de un comedero para gallinas, también necesitará un bebedero para sus gallinas. Las gallinas necesitan estar hidratadas, y deben tener acceso a agua potable limpia. Los bebederos, al igual que los comederos, vienen en una variedad de formas, tamaños y diseños. Considere el tamaño de su bandada cuando seleccione un bebedero. Algunos bebederos necesitan ser montados en la pared, por lo que solo se puede elegir este tipo si el gallinero que tiene puede acomodar un bebedero de pared.

Los tipos más comunes de bebederos son los alimentados por gravedad, los automáticos y los de contenedor. Los bebederos alimentados por gravedad son populares porque son fáciles de usar y, por lo tanto, los más convenientes. Los bebederos automáticos son ideales si no se dispone de mucho espacio, ya que vienen con una taza o una boquilla para que las gallinas beban de ellos. Es posible que tenga que enseñar a sus gallinas a beber del bebedero automático, pero la mayoría de ellas tienden a aprender a usarlo bastante rápido.

La mayoría de los bebederos están hechos de acero o de plástico. Ambos materiales son duraderos. Sin embargo, los bebederos de acero pueden calentarse considerablemente en clima cálido y pueden no ser ideales si vive en un clima caluroso. Los bebederos plásticos son generalmente más baratos que los de acero, por lo que son una buena opción si tiene un presupuesto limitado.

Mantener el regador dentro del gallinero puede llevar a que se moje el lecho. Para evitar esta situación, la mayoría de las personas optan por poner su regadera fuera del gallinero en el corral. También puede reducir el riesgo de derrames y fugas al no llenar demasiado los bebederos. Al igual que con un comedero de gallinas, asegúrese de tener suficientes bebederos para el tamaño de su bandada.

Lechos del gallinero

Las gallinas defecan mucho, y tener lecho en su gallinero ayudará a mantenerlo limpio y sin olores. El lecho que usará en el piso del gallinero servirá como litera para ayudar a controlar los olores y la humedad en el gallinero. El lecho también sirve de aislamiento del gallinero, por lo que es una buena práctica poner el lecho en el gallinero antes de traer las gallinas a casa.

El mejor tipo de lecho para un gallinero es un material absorbente que ayude a mantener el suelo del gallinero seco. Un suelo mojado puede provocar enfermedades y puede causar lesiones en las patas de las gallinas. Por lo tanto, al elegir el mejor lecho para su gallinero, tenga en cuenta que debe tener un material que absorba y libere la humedad rápidamente. Los materiales de lecho más comunes incluyen virutas de madera, paja, heno y recortes de hierba.

Las virutas de madera son una de las mejores opciones para el lecho del gallinero. Son absorbentes, pero no retienen la humedad por mucho tiempo, por lo que el piso del gallinero se mantiene seco. Puede colocar periódicos debajo de las virutas de madera para facilitar la limpieza, pero no use solo periódicos como lecho en su gallinero.

Para las cajas de anidación, puede utilizar paja y heno para amortiguar a sus gallinas cuando están poniendo huevos. Esto también asegurará que los huevos no se rompan. Alternativamente, también puede usar las mismas virutas de madera que ha usado en el resto del suelo del gallinero en sus cajas de anidación.

En última instancia, toda la instalación del gallinero y del corral debe centrarse en proporcionar a sus gallinas un entorno limpio, seguro y cómodo.

Capítulo 5: Construyendo un gallinero

Una vez que haya establecido su patio y decidido el tipo de gallinero que necesitará para sus gallinas domésticas, tiene tres opciones: comprar un gallinero prefabricado, reutilizar una estructura existente o construir uno usted mismo. Dependiendo de su presupuesto, del tipo de diseño que desee y de lo hábil que sea con los proyectos por cuenta propia, la elección será fácil de hacer.

Algunas personas, especialmente las que tienen grandes áreas de pasto, optan por tener gallineros portátiles. Este tipo de gallinero se puede trasladar de una sección de su tierra a otra, en efecto, permitiendo a las gallinas buscar comida en diferentes secciones de pasto. Estos tipos de gallineros funcionan bien si se dispone de mucho espacio y pastos. Sin embargo, para pequeños patios, especialmente en pueblos y ciudades, un gallinero estacionario puede funcionar mejor, ya que no requiere movimientos repetidos.

Si no tiene el tiempo o el conocimiento para construir su propio gallinero, siempre puede ir a un gallinero prefabricado. Estos están ampliamente disponibles en tiendas en línea como Amazon, así como en tiendas de mascotas e incluso en tiendas de comestibles como Walmart. Los gallineros prefabricados vienen en varios tamaños, diseños y precios, así que puede elegir uno que se ajuste a su presupuesto y que cumpla todos los requisitos necesarios para el número y el tipo de gallinas que planea tener.

Reprogramar una estructura existente es también una forma sencilla de crear un gallinero. Si tiene un cobertizo que ya no se usa, puede reutilizarlo para que sirva como cobertizo de gallinas. Todo lo que necesita hacer es equiparlo para las gallinas añadiendo cajas de anidación, barras de descanso y algo de lecho en el suelo. En última instancia, esto es mejor que construir un gallinero desde cero y es, por supuesto, mucho más barato que comprar un gallinero prefabricado.

La tercera opción es construir su propio gallinero. Esto le da la libertad de hacer un gallinero personalizado que se adapte perfectamente a su patio y a sus necesidades. Tiene la opción de hacer los diseños por un profesional o hacerlos por sí mismo. También hay muchos recursos en línea que ofrecen planes de gallinero gratis. Antes de decidirse por un diseño, compruebe siempre si hay alguna ordenanza municipal o reglamento del vecindario que deba cumplirse.

Si elige construir su propio gallinero, hay muchas maneras de hacerlo dependiendo del tipo de gallinero que tenga en mente. Puede elegir que lo haga un profesional si tiene poco tiempo o no tiene acceso a los materiales necesarios. Alternativamente, si desea una forma simple y rápida de hacerlo, puede seguir nuestra sencilla guía paso a paso para construir un gallinero de 24 pies cuadrados que puede albergar entre 6 y 8 gallinas.

Materiales y herramientas necesarias

- Madera
- Martillo
- Sierra
- Cinta métrica
- Lápiz
- Destornillador

- Sierra eléctrica de pie
- Cables de extensión
- Nivel de burbuja
- Papel de lija
- Brocha para pintar

Mientras que los gallineros pueden ser construidos usando una variedad de materiales diferentes, la madera es el material más fácil de utilizar. La madera también es buena para el aislamiento, y hace estructuras sólidas y estables que son duraderas.

Paso a paso el proceso de construcción del gallinero

Una vez que tenga sus suministros listos, puede empezar a construir.

1. Comience por construir el piso de su gallinero

▪ Comience con un trozo de madera contrachapada cortada a 4 pies de ancho y 6 pies de largo.

▪ El contrachapado debe tener al menos media pulgada de espesor. Esto asegurará que su piso sea resistente.

▪ Para hacer la estructura de su piso, necesitará listones. Idealmente, estos deben ser de 2x4. Atornille los listones de 2x4 alrededor de los bordes del contrachapado. También, atornille otros listones de 2x4 alrededor del centro de su piso contrachapado.

2. Construya el muro sólido a continuación

● La sólida pared de su gallinero es la que no tendrá una ventana. Tome un trozo de ½ pulgada (o más grueso) de contrachapado de 6 pies de largo. Necesitará listón de 2x2 para esta pared. Asegure el listón de 2x2 en el fondo de los bordes verticales de su contrachapado. Los listones de 2x2 deben detenerse 4 pulgadas por encima del fondo del contrachapado.

• Una vez que haya atornillado el listón de 2x2 ahora puede asegurar la pared al piso que construyó en el paso 1. Tome su pared sólida y colóquela en el piso de tal manera que las 4 pulgadas que dejó cubran la parte inferior del piso de 2x4. Una vez que ha colocado la pared, atorníllela en su lugar. Sus tornillos deben ser 1½ pulgadas para asegurar la pared firmemente al piso.

3. El siguiente paso es el panel frontal

▪ Adjunte un contrachapado de cuatro pies de largo de ½ pulgada (o más grueso) al piso y a la pared sólida que ya ha construido. Primero, atornille el pedazo de contrachapado a los dos listones de 2x4 en el fondo de su gallinero; luego asegure el contrachapado a la pared sólida atornillándolo a los dos listones de 2x2 en la pared sólida.

▪ Una vez que el contrachapado esté asegurado al gallinero, es hora de cortar la puerta.

▪ La abertura de la puerta debe ser de 2 a 3 pies de ancho. La altura puede variar, siempre y cuando deje un mínimo de unas 6 pulgadas entre el borde de la puerta y la parte inferior del panel de contrachapado. El mismo margen de 6 pulgadas debe dejarse entre el borde de la puerta y la parte superior del panel de contrachapado.

▪ Una vez que haya marcado las medidas para la apertura de la puerta, córtela con la sierra. Haga el corte tan suave como sea posible.

▪ Querrá reforzar la parte superior de la abertura de la puerta usando un trozo de madera de 20 pulgadas. Fije este pedazo de madera a la parte superior usando tornillos y algo de pegamento de construcción.

4. Construyendo la pared trasera

• Al igual que el panel frontal, para la pared trasera, también necesitará una pieza de contrachapado de 4 pies de largo y al menos ½ pulgada de espesor.

• Asegure el pedazo de contrachapado a la parte trasera de su gallinero atornillándolo a los listones de 2x4 de la parte inferior y luego atornillándolo a los listones 2x2 de la pared sólida del gallinero.

• Una vez que la pared trasera esté asegurada al gallinero, puede medir la apertura de la puerta de esta pared. Usando las mismas medidas que utilizó para la abertura en el panel frontal, corte la abertura como lo hizo para el panel frontal.

• Finalmente, refuerce la parte superior de la abertura de la puerta con un trozo de madera como lo hizo con la abertura del panel frontal.

5. Construir la última pared

• Corte dos piezas de contrachapado de ½ pulgada (o más grueso) a una longitud de 2 pies. A continuación, corte una pieza de contrachapado de 5 pies de largo. El ancho de este pedazo debe ser la mitad de la altura de su gallinero.

• Una vez que tenga estas tres piezas de contrachapado, puede empezar a fijarlos al gallinero para construir la última pared. Comience con las piezas de 2 pies de largo de contrachapado. Asegure un trozo de 2x2 a uno de los bordes verticales del contrachapado. Los dos listones de 2x2 deben detenerse al menos 4 pulgadas por encima de la parte inferior del contrachapado.

• Tome la segunda pieza de 2 pies de largo de contrachapado y también fije un listón 2x2 a uno de los bordes verticales del contrachapado. Los listones de 2x2 deben dejar un margen de 4 pulgadas en la parte inferior del contrachapado.

• Ahora tome uno de estos paneles de contrachapado y póngalo en la parte delantera del gallinero. Una vez hecho esto, tome el segundo panel y asegúrelo a la parte trasera del gallinero.

• Ahora tome el pedazo de madera de 5 pies de largo y asegúrelo entre los dos paneles que acaba de colocar.

• El borde del contrachapado de 5 pies debe alinearse con la parte superior de los otros dos paneles.

• El siguiente paso es tomar un trozo de madera que tenga la misma longitud vertical que la pieza del medio. Atornillar esa pieza de madera a la junta donde el panel central se conecta con el panel lateral. Haga lo mismo para la segunda junta donde el panel del medio se conecta con el otro panel lateral. De esta manera, tendrá dos piezas de madera, reforzando las dos uniones entre el panel central y los otros dos paneles.

6. Construyendo el techo

■ Para el techo, comenzará con los hastiales. Estas son las estructuras triangulares que se colocarán en la parte superior de las paredes del gallinero para apoyar el techo.

■ Para que encajen bien en las paredes, necesita hacer sus hastiales de 4 pies de largo. Asegúrese de que la inclinación que cree para ambos hastiales sea la misma para que el techo se asiente de manera uniforme en el gallinero.

■ Los hastiales irán en la parte superior de las paredes delanteras y traseras. Tome el primer hastial y asegúrelo en el interior de la pared delantera. Utilice tornillos y algo de pegamento de construcción para fijarlo con seguridad.

■ El segundo hastial debe fijarse en el interior de la pared trasera. Asegúrese de que la fijación sea segura.

■ Una vez que los hastiales estén fijados, necesita construir un soporte para la mitad del techo, que es el armazón.

■ El ángulo del armazón debe ser el mismo que el de los hastiales.

■ Para asegurarse de obtener el ángulo correcto, tome dos piezas de 2x2 y sujételas a los bordes de uno de los hastiales. Los listones de 2x2 deben ser más largos que el borde del hastial por unas 3 pulgadas.

■ Necesitará una viga para reforzar su armazón. Esta viga tiene que ser de una longitud similar a la de los hastiales.

■ Asegure esta viga a los listones de 2x2 con tornillos. Una vez que esté sujeta, puede remover el armazón del hastial quitando la abrazadera que se utilizó para sujetarla al hastial.

- Ahora coloque el armazón en el centro del gallinero.
- Haga marcas donde los listones de 2x2 del armazón se intersecan con las paredes laterales. Estas marcas representan donde hará las muescas en el armazón.
- Una vez hechas las muescas, ahora puede colocar el armazón sobre las paredes laterales. Debería estar en el centro de las dos paredes laterales.
- Ahora que los soportes del techo están en su lugar, necesita hacer el techo real.
- Usando dos piezas de contrachapado, haga un techo uniendo una pieza de 40 pulgadas de contrachapado con una pieza de 84 pulgadas de contrachapado. Las uniones deben ser a lo largo de los lados más largos de 84 pulgadas. Puede unir fácilmente estas dos piezas usando bisagras.
- El techo está ahora listo para ir en la parte superior del gallinero. Tendrá salientes en ambos lados del gallinero.
- Necesitará unir dos piezas de 2x2 en el borde inferior de los voladizos delanteros y traseros del techo.
- Una vez que la moldura esté en su lugar, la parte final de la construcción del techo es asegurarla a los hastiales de cada lado y al armazón en el medio.
- Entonces puede hacer el techo a prueba de humedad cubriéndolo con cartón alquitranado o techo galvanizado.

7. Construyendo las puertas del gallinero

- Ahora que las paredes están terminadas, es hora de construir las puertas.
- Tome un tablero de fibra de densidad media y córtelo a la misma longitud que la abertura de la puerta y a la mitad de su ancho.
- Construya el marco de su puerta usando piezas de madera de 2x2. Fije estas piezas en los cuatro lados de la abertura de su puerta.

• Una vez que el marco esté en su lugar, ahora puede atornillar las bisagras. Utilice dos bisagras para cada puerta.

• Una vez que las bisagras estén fijadas, ahora puede fijar las puertas al marco.

• Luego construirá las puertas traseras usando este mismo proceso.

• Una vez que todas las puertas han sido fijadas al gallinero, ahora necesita poner cerraduras para que el gallinero se pueda cerrar con llave. Coloque cerraduras seguras en sus puertas que mantengan a los depredadores fuera del gallinero.

8. Fabrique patas para su gallinero si desea que este elevado

▪ Si desea que su gallinero este elevado, tendrá que adjuntar cuatro piezas de 2x4 en la parte inferior del gallinero. Puede asegurar estas patas a los listones de 2x4 en el fondo del gallinero.

▪ Si su gallinero está elevado, necesitará una escalerilla para que sea accesible para a las gallinas. Para su rampa, sujete los listones 2x2 a los listones 2x4 a la longitud requerida. Tome su escalerilla y luego asegúrela en su lugar con algunas bisagras.

9. Los posaderos y las cajas de anidación

El interior de su gallinero necesitará dos estructuras esenciales. Estas son las barras de descanso y las cajas de anidación. Las barras de descanso son básicamente barras elevadas donde sus gallinas se posarán y dormirán por la noche. Las gallinas no duermen en el suelo, por lo que necesitan barras de descanso que se eleven del suelo del gallinero.

Para las barras de descanso, dejen al menos 8 pulgadas de espacio por gallina. Puede poner múltiples posaderos dependiendo del tamaño de su bandada. Para los posaderos, puede utilizar piezas de madera resistentes fijadas a la pared del gallinero en un ángulo o incluso una escalera corta apoyada en un ángulo. Las barras de descanso deben estar al menos a dos pies del piso del gallinero.

Las otras estructuras esenciales para tener en su gallinero son las cajas de anidación. Estas cajas proveen a las gallinas de un área privada para poner huevos. Las cajas de anidación también serán utilizadas por las gallinas incubadoras cuando quieran empollar huevos. En promedio, necesitará una caja de anidación por cada cuatro aves.

Puede construir cajas de madera de un pie cuadrado y usarlas como cajas de anidación en su gallinero. Alternativamente, puede reutilizar fácilmente las viejas cajas de leche y usarlas como cajas de anidación. Cualquiera que sea el tipo de cajas de anidación que escoja, simplemente asegúrelas a las paredes de su gallinero, y estará todo listo.

10. Lecho del gallinero

El último paso para preparar el gallinero y prepararlo para sus gallinas es el lecho. El lecho es un material absorbente que se coloca en el piso del gallinero. El lecho ayuda a mantener el piso del gallinero seco, absorbiendo la humedad del mismo. También absorbe el olor del excremento de las gallinas, y esto ayuda a prevenir la acumulación de amoníaco en el gallinero. Otra ventaja de tener lecho en el piso del gallinero es que facilita la limpieza. También proporciona un aislamiento adicional para el gallinero, ayudando a mantener a las gallinas calientes, especialmente durante los meses más fríos.

Las virutas de madera son un excelente lecho, ya que absorben y liberan la humedad. Otros materiales que pueden ser usados como lecho son paja, heno, arena y recortes de hierba. Asegúrese de amortiguar sus cajas de anidación con paja y heno.

Consejos para su gallinero

Si no tiene la intención de criar gallinas en libertad, entonces tendrá que construir un gallinero para mantener a sus gallinas confinadas cuando estén al aire libre. Las gallinas necesitan un área de forrajeo para cavar y buscar comida en el exterior, así que, si no desea que vaguen por todo su patio o jardín, tendrá que confinarlas a una sección particular de su patio.

Normalmente, el corral de las gallinas debería estar adyacente a su gallinero para que sus gallinas puedan entrar y salir del gallinero desde el corral. Básicamente, una vez que haya decidido el área apropiada que sea suficiente para el tamaño de la bandada que planea mantener (trabajar con un mínimo de 5 pies cuadrados por gallina), puede cercar esta área para hacer su corral de gallinas.

Para asegurarse de que su corral mantendrá a sus gallinas a salvo de los depredadores y también evitará que deambulen, debe usar malla gallinera, malla soldada o red eléctrica como material de cercado. Cuando utiliza materiales de cercado de malla pequeña, mantiene a sus gallinas a salvo de depredadores más pequeños que pueden alcanzarlas a través de una malla más grande o incluso saltar a través de ella.

Si en su área hay muchos depredadores voladores, como halcones y búhos, puede optar por cubrir su gallinero con malla gallinera o cualquier otro tipo de malla metálica pequeña. Recuerde que desea que sus gallinas estén a salvo en su corral. Tampoco desea tener que controlarlas constantemente para ver si están a salvo. Esto significa que, si toma todas las precauciones de seguridad necesarias al instalar el gallinero y el corral, ahorrará tiempo a largo plazo y evitará muchos problemas de depredadores en el futuro.

Capítulo 6: Consejos para comprar gallinas

Cuando su gallinero esté listo y esté ansioso por traer a sus amigos emplumados a casa, entonces es el momento de comprar sus gallinas. Por supuesto, ya tiene una idea del número de gallinas que desea, y qué tipo de raza es la mejor para usted. Con esto en mente, ya puede comenzar a comprar las aves adecuadas para su patio trasero.

¿Dónde puede comprar gallinas?

Hay muchas opciones para las personas que quieren comprar aves de corral. Ya sea que busque polluelos recién nacidos, pollitas o gallinas maduras, hay muchos criaderos, tiendas de alimentos, asociaciones de aves de corral y criadores donde puede comprar su bandada. Es importante buscar incubadoras y criadores de buena reputación para estar seguro de que las aves que se compran gozan de buena salud.

Si no conoce ningún criador en su zona, consulte con las granjas de su zona. Por lo general, ellos tendrán información sobre los criadores o criaderos locales. Por otra parte, la mayoría de los criadores tienen algún tipo de huella en línea, por lo que puede obtener algunas pistas sobre criadores de buena reputación en su zona consultando los sitios en línea y las plataformas de medios sociales. Si desea una raza específica, también puede consultar en los medios sociales los grupos de criadores que se especializan en la raza concreta que tiene en mente.

Si decide utilizar un criador o criadero en línea, compruebe siempre las opiniones y comentarios de los consumidores para asegurarse de que el proveedor es creíble. Algunas personas prefieren comprar sus gallinas de otras granjas, ya que pueden ver el tipo de ambiente en el que se han criado las gallinas. En la medida de lo posible, cuando compre polluelos, elija un criadero o un criador que esté más cerca de usted para minimizar la cantidad de tiempo que sus polluelos tienen que pasar en tránsito.

Las tiendas agrícolas son de fácil acceso para la mayoría de las personas y son un lugar popular donde comprar polluelos. Sin embargo, cuando usted compra en una tienda agrícola, no sabrá si los polluelos son machos o hembras, por lo que puede terminar con gallos que no quería. También es posible que no pueda obtener información sobre si los polluelos han sido vacunados o no.

La otra alternativa es comprar en un criadero. Los criaderos suelen tener una variedad de razas disponibles y tienden a ser más baratos que los criadores. Los criaderos tienden a especializarse en aves utilitarias y pueden no ser una buena fuente si se quieren gallinas de herencia. Para las razas más raras, los criadores suelen ser una mejor fuente. Los criadores tienden a especializarse en determinadas razas. Pueden ser un poco costosos comparados con los criaderos, pero por el lado positivo, puede obtener incluso gallinas de herencia de los criadores.

Si no hay criaderos o criadores cerca de usted, algunos criadores ofrecen opciones de envío a través del país y le llevarán sus aves dondequiera que esté. Entre ellas se incluyen:

- **My Pet Chicken**

Este criadero es genial para principiantes que buscan comenzar con una pequeña bandada. Puede pedir tan solo tres polluelos. También tienen diferentes razas, así que tiene una amplia gama de opciones para elegir. Además, venden otros accesorios y equipos para gallinas que pueden ser útiles para los principiantes, como gallineros, cercados para gallinas, comederos y más.

- **Cackle Hatchery**

Este criadero en Missouri tiene todo tipo de gallinas en oferta. Desde ponedoras a razas de carne y aves de doble propósito, se obtienen la mayoría de las razas de este criadero. Ya que permiten incluso pedidos pequeños, no se requiere comprar a granel, por lo que este es también un buen lugar para el habitante urbano que quiere mantener una bandada modesta.

- **Murray McMurray**

Este criadero está ubicado en Iowa y tiene una amplia gama de razas de gallinas para elegir. También tienen varios equipos y accesorios para las gallinas, así que esto puede ser la tienda donde consiga todo para sus necesidades de gallina.

- **Freedom Ranger Hatchery**

Freedom Ranger Hatchery es ideal para las personas que buscan pollos de cría libre. Este criadero utiliza métodos de cultivo ecológicos, y es bien conocido por sus aves de cría libre orgánicas.

- **Meyer Hatchery**

Este criadero tiene más de 160 razas de aves de corral para que los compradores puedan elegir. Ofrecen garantías de género, así que para los que quieran comprar polluelos estrictamente femeninos o masculinos, este es un gran criadero para comprar.

- **Ideal Hatchery**

Este criadero de Texas garantiza el 100% de la entrega en vivo a sus clientes. También tienen un montón de razas para elegir. Sin embargo, tienen un requisito de pedido mínimo, por lo que puede que no sea la mejor opción si desea un pequeño número de gallinas.

- **Stromberg's Chicks**

Este criadero tiene ubicaciones en cinco estados, incluyendo Minnesota, California, Texas, Pennsylvania y Florida. Tienen una impresionante selección de razas de gallinas para elegir, y si usted está buscando accesorios y equipo también, tienen un montón de esos, también.

Información que necesita de su criador

Una vez que haya identificado al criador o criadero al que le comprará sus gallinas, aquí tiene algunas preguntas básicas que debe hacerle al criador.

1. Averigüe qué razas están disponibles

La mayoría de los criadores se especializan en unas pocas razas selectas, por lo que es necesario saber qué tipo de razas tienen. Entonces podrá decidir si las razas que tienen son las que usted necesita o pasar a otro criador.

2. Averigüe si tienen aves de sexo

Si está comprando polluelos, no es físicamente posible saber si el polluelo es macho o hembra a esa edad temprana. Las aves sexuadas son aquellas que han sido comprobadas por el criador y se ha determinado que son machos o hembras. Esta identificación es importante, especialmente si usted vive en un área donde no se permiten los gallos.

Cuando compra aves sexuadas, sabe exactamente lo que está comprando, y no habrá sorpresas desagradables más tarde cuando uno de sus polluelos resulte ser un gallo ruidoso.

3. Averigüe si el criador está certificado por el NPIP

Los criadores certificados por el Plan de mejoramiento Nacional de Aves de corral (conocido en Ingles por sus siglas NPIP) son aquellos que han aceptado que se revisen sus gallinas para detectar enfermedades. Si el criador está certificado, tendrá la seguridad de que las aves que recibe están en buena salud.

4. Averigüe si los pollos han sido vacunados

Cuando compre polluelos, asegúrese de averiguar si han sido vacunados y qué tipo de vacuna(s) se les ha dado. Esto le guiará para saber si necesita vacunarse.

5. Averigüe cualquier información de cuidado específico para la raza particular que está comprando

Los criadores pueden ser una gran fuente de información sobre el cuidado de sus aves, especialmente si el criador lo ha estado haciendo durante años. Obtenga información sobre cosas como las necesidades y preferencias climáticas, el temperamento de la raza, la alimentación ideal, la producción media de huevos y cualquier otro detalle del que no esté seguro.

Cuanto más sepa sobre las gallinas que está comprando, mejor equipado estará para cuidarlas. Así que no dude en obtener toda la información que pueda del criador.

Qué buscar al comprar polluelos bebé

Lo último que desea es comprar polluelos que no son saludables o están poco desarrollados. Un ave infectada puede propagar fácilmente enfermedades al resto de su bandada. Por lo tanto, antes de llevar cualquier polluelo a casa, asegúrese de comprobar si hay algún signo de mala salud.

Entonces, ¿cómo sabe si los polluelos que está comprando son saludables? Aquí hay algunas señales que hay que tener en cuenta cuando se compran los polluelos.

I. Los ojos deben estar despejados y alerta.

II. Revise el abdomen para ver si hay algún signo de distensión.

III. El polluelo debe estar firme en sus patas.

IV. El polluelo debe estar activo y haciendo pío.

V. Compruebe que la parte superior del pico está alineada con la inferior.

VI. Si el polluelo parece demasiado pequeño o raquítico en comparación con otros, puede tener mala salud.

VII. Los polluelos sanos son esponjosos.

VIII. El orificio de ventilación debe estar libre de heces o cualquier tipo de enrojecimiento, ya que esto podría indicar diarrea.

IX. Compruebe que la incubadora está limpia.

Qué buscar cuando se compran aves maduras

Un ave saludable es crucial, especialmente si recién se empieza en la crianza de gallinas domésticas. Traer a casa aves que no ponen huevos, prosperan o incluso terminan muriendo puede ser una forma decepcionante de comenzar su aventura. Esto significa que estar atento a cualquier signo de mala salud puede ahorrarle muchos problemas más adelante.

Cuando se compran gallinas maduras, hay señales físicas que pueden indicar que la gallina tiene mala salud. Entre ellas se incluyen:

• Cualquier secreción de los ojos o de las fosas nasales. Una gallina saludable tiene los ojos claros.

• Ojos caídos o hinchados. Una gallina sana tiene ojos claros, vivaces y alerta.

• Una apariencia encorvada. Una gallina saludable tiene una marcha erguida y no se encorva.

• Heridas en las patas. La piel de las patas de la gallina debe estar libre de heridas.

- Las calvas sin plumas suelen indicar que la gallina puede tener ácaros o piojos.
- Pico torcido.
- La tos o el jadeo son signos de que la gallina está enferma.
- Una cabeza caída es un signo de enfermedad.

En qué hay que fijarse cuando se compran gallinas para poner huevos:

Si está buscando específicamente comprar buenas ponedoras de huevos, hay algunos consejos que le ayudarán a identificar las gallinas que ya han empezado a poner huevos.

- Busque peines y ojos brillantes. Si una polluela tiene un peine sin brillo, probablemente no ha alcanzado la edad de poner huevos.
- Las gallinas que ya han empezado a poner huevos tienen huesos anchos en la cadera, a diferencia de las caderas estrechas que se encuentran en las polluelas que aún no han alcanzado la etapa de ponedoras.

¿Cuánto debe esperar pagar?

Los precios de las gallinas generalmente varían de un criador a otro. Algunas razas también tienden a costar más que otras, así que todo esto influirá en cuánto pagará por las gallinas que quiera. Sin embargo, aquí hay algunas pautas con costos promedio indicativos.

I. Los polluelos tienden a ser más baratos que las aves maduras. Los polluelos para la mayoría de las razas cuestan entre un dólar y cinco dólares.

II. Las polluelas de edades comprendidas entre un mes y cuatro meses (4 -16 semanas) costarán, en promedio, entre 15 y 25 dólares.

III. Las gallinas maduras o las gallinas ponedoras costarán entre 10 y 100 dólares, dependiendo de la raza.

Polluelos bebé o gallinas - ¿Cuáles son mejores?

Al iniciar su bandada en el patio trasero, puede que se pregunte si ir por los gallinas maduras o empezar con los polluelos. La elección se reducirá a si está dispuesto a esperar los seis meses que tardan los polluelos en madurar y empezar a poner huevos. Algunas personas optan por los gallinas maduras porque no requieren tanto cuidado como los polluelos. En última instancia, tome una decisión basada en sus circunstancias y en lo bien equipado que está para cuidar de los polluelos bebé.

Ventajas de los polluelos bebé

- Más barato que los gallinas maduras
- Requiere menos alimentación
- Un vínculo más fácil con su mascota

Contras

- Seis meses de espera para los huevos
- Requiere más atención y cuidado

Comprar pollitas, que son gallinas adolescentes de 15 a 22 semanas de edad, puede ser finalmente mejor para usted si su único propósito para la crianza de gallinas es el huevo. Esto se debe a que las polluelas suelen estar a punto de empezar a poner huevos y le darán más que las gallinas mayores.

Si usted va por los polluelos, entonces necesitará tener una incubadora lista para ellos. Una incubadora es básicamente el primer lugar al que irán los polluelos cuando lleguen a casa. Ayuda a mantenerlos calientes y bien aislados a su tierna edad. No es necesario comprar una incubadora; puede improvisar usando un contenedor o una caja de cartón. Solo asegúrese de que su incubadora, ya sea comprada en una tienda o improvisada, tenga al menos 2 pies cuadrados de espacio para cada polluelo.

Es importante asegurarse de que su incubadora tenga la suficiente profundidad, al menos 12 pulgadas de profundidad. Esto mantiene a sus polluelos seguros y asegura que no salten por los lados. No es necesario cubrir la incubadora si es lo suficientemente profunda. Sin embargo, si decide cubrirla, asegúrese de usar un material transpirable, ya que sus polluelos necesitarán ventilación.

Para mantener la temperatura en la incubadora al nivel requerido, necesitará una lámpara de incubación. Puede comprar una lámpara de calor de 250 vatios en la mayoría de las ferreterías o tiendas de alimentación. La lámpara debe ser montada con una abrazadera para evitar el riesgo de incendio. Finalmente, necesitará poner lecho en el piso de la incubadora para mantenerla libre de humedad y bien aislada. Las virutas de pino se recomiendan como material de lecho ideal para las incubadoras.

Una vez que haya instalado la incubadora, ya puede poner su comedero y bebedero para polluelos. Compre un comedero que esté diseñado específicamente para los polluelos, ya que será más fácil de usar para sus polluelos. Es mejor tener la incubadora instalada antes de que lleguen los polluelos. Los polluelos tienden a ser delicados, y asegurarse de que su incubadora esté bien instalada y lista para ellos le ayudará a comenzar con el pie derecho.

Sus polluelos permanecerán en la incubadora durante unas cinco semanas. Después de este período, pueden ser trasladados con seguridad al gallinero principal. Tal vez quiera mantenerlos dentro del gallinero durante los primeros días para que entiendan que el gallinero es su "hogar". Una vez que se acostumbren al gallinero, se les puede permitir un tiempo al aire libre en el corral.

Capítulo 7: Cómo alimentar y dar de beber a su bandada

Una bandada saludable es una bandada feliz, y esto solo se logrará si sus gallinas se alimentan con una dieta sana y equilibrada. Las gallinas, en su mayoría, no son comedores quisquillosos y comerán felizmente las sobras de su mesa, los insectos y las malas hierbas del suelo y, por supuesto, el alimento de las gallinas. Esto significa que alimentar a sus gallinas no va a ser demasiado complicado, siempre y cuando sepan en qué consiste una dieta saludable para las gallinas.

Alimentar a las gallinas en diferentes etapas de la vida

Las necesidades nutricionales de un polluelo variarán de las de una gallina madura o incluso de una polluela. Esto significa que debe alimentar a su gallina con el alimento apropiado para su edad que mejor satisfaga los requerimientos nutricionales para la etapa de vida en la que se encuentran.

Alimentación de iniciación

Los polluelos bebé, desde los de un día hasta los de 18 semanas, requieren una dieta de iniciación. A esta tierna edad, los polluelos necesitan muchas proteínas para promover el crecimiento y el desarrollo. Por eso se recomienda la alimentación de iniciación para los polluelos, ya que contiene más proteínas que cualquier otro tipo de alimento para gallinas. En promedio, alimentación de iniciación para polluelos bebé tendrá un contenido de proteínas del 22%. Esta proteína es esencial para un crecimiento saludable y para la formación de las plumas, que están constituidas predominantemente de proteínas.

Otra razón por la que hay que asegurarse de que solo se alimente a sus polluelos con alimento de iniciación es que contiene bajos niveles de calcio. Los polluelos son súper sensibles al calcio, y si consumen grandes cantidades de este mineral, puede provocar deformaciones en los huesos e incluso causar daños en los riñones. El alimento para ponedoras, o gallinas maduras, tiende a tener altos niveles de calcio, que se requiere para la formación de los huevos. Aunque esto es beneficioso para las gallinas ponedoras, para los polluelos bebé demasiado calcio es perjudicial, y por lo tanto nunca debe alimentar a sus polluelos ponedoras con comida ni siquiera por un día.

Sus pequeños polluelos tendrán picos diminutos, por lo que requieren alimento que se muele en trozos finos para que les sea más fácil de comer y digerir. El alimento inicial está diseñado para ser lo suficientemente fino para los polluelos, así que mientras sus polluelos tengan menos de 18 semanas de edad, el mejor alimento para ellos es el alimento inicial.

Cuando compre el alimento de iniciación, notará que el alimento de iniciación está disponible en opciones medicadas y no medicadas. Si sus polluelos han sido vacunados contra la coccidiosis, no los alimente con alimento de iniciación medicado. El alimento medicado para pollos contiene amprolio, un compuesto que tiende a afectar la eficacia de la vacuna. Por otro lado, si sus polluelos no han sido vacunados contra la coccidiosis, el amprolio del alimento medicado sirve para protegerlos de la enfermedad.

Mantener a los polluelos en condiciones higiénicas ayuda a reforzar su inmunidad natural, por lo que no es necesario alimentarlos con piensos medicinales para mantenerlos a salvo de enfermedades.

Alimento de crecimiento

A partir de las ocho semanas de edad, sus polluelos necesitan alimento de crecimiento, que está diseñado para mantener a sus polluelos en crecimiento hasta que lleguen a la edad de puesta entre 18 y 22 semanas. Como los polluelos en la etapa de crecimiento, entre 8 y 18 semanas, aún no están poniendo huevos, el alimento de crecimiento contiene menos calcio que el alimento para ponedoras. El contenido de proteínas en el alimento para el crecimiento no es tan alto como el del alimento inicial, pero es suficiente para ayudar a los polluelos a madurar y convertirse en ponedoras.

Al igual que los polluelos bebé, las polluelas necesitan un alimento adecuado a su edad porque es el que mejor satisface sus necesidades nutricionales. No alimente a sus polluelas o a los pollitos en crecimiento con alimento para ponedoras porque contiene demasiado calcio para esa edad y puede causar problemas de salud a largo plazo.

Alimento para ponedoras

El alimento para ponedoras es apropiado para gallinas de más de 18 semanas que han empezado a poner huevos. El alimento para ponedoras está diseñado para proporcionar todos los nutrientes esenciales necesarios para mantener a sus gallinas maduras sanas y productivas en términos de puesta de huevos. El alimento para ponedoras contiene más calcio que los alimentos de crecimiento o de iniciación, y esto se debe a que las gallinas ponedoras necesitan más calcio para la formación adecuada de la cáscara.

El contenido de proteínas en el campo de las ponedoras es de alrededor del 16%, y aunque esto es suficiente para satisfacer las necesidades nutricionales de un pollo maduro, sería demasiado poco para satisfacer las necesidades de los polluelos o de las pollitas en crecimiento. Por eso es importante alimentar solo con alimento para ponedoras a las gallinas adultas de más de 18 semanas.

Alimento para gallinas de engorde

Si está criando sus gallinas con fines de carne, el alimento recomendado para ellas es el alimento para gallinas de engorde. Este tipo de alimento es rico en proteínas y está formulado para promover un crecimiento más rápido e impulsar el aumento de peso. Ayuda a sus gallinas a ganar peso rápidamente, lo cual es una característica deseable en las aves criadas para carne.

No alimente a las ponedoras con alimento para gallinas de engorde, ya que no tiene el contenido de nutrientes necesarios para aumentar la producción de huevos.

Diferentes formas de alimento para gallinas

Los alimentos para gallinas están disponibles en diferentes formas. Pueden ser en forma de harina, gránulos o desmenuzado. La harina es un alimento para gallinas fino y suelto que es fácil de digerir. Encontrará que el alimento para polluelos viene en forma de harina, ya que es la forma más fácil de digerir para los polluelos pequeños. El alimento de crecimiento también suele venir en forma de harina, al igual que el alimento para ponedoras.

El desmenuzado es un tipo de alimento para gallinas semi suelto. Es más grueso que la harina y se puede dar a las polluelas o a las ponedoras. Aparte del desmenuzado, el alimento para gallinas también está disponible en forma de gránulos. Los gránulos son populares porque tienden a ser menos desordenados que la harina, y la mayoría de las personas los encuentran más fáciles de manejar.

Suplementos

• Conchas de ostras aplastadas

Las gallinas ponedoras pueden necesitar una fuente adicional de calcio además de lo que hay en su alimento. Es por eso que las conchas de ostras trituradas son recomendadas para las aves ponedoras. La cantidad suplementaria de calcio ayuda a aumentar la producción de huevos y la formación de la concha. Las conchas de ostras no necesitan ser mezcladas con el alimento de las gallinas, simplemente se les proporciona en un comedero separado.

Las gallinas pueden controlar su ingesta de calcio en base a lo que necesitan, por lo que no hay que preocuparse de proporcionarles demasiada arena de concha. Solo comerán lo que su cuerpo necesita.

• Arenilla

La arenilla se utiliza para referirse a materiales duros como la arena, pequeñas piedras o tierra que se proporcionan a las gallinas para ayudar en la digestión. Las gallinas necesitan arenilla en su dieta para poder digerir alimentos fibrosos como los granos en su molleja. Si las gallinas pasan tiempo al aire libre, recogerán la arenilla del suelo al rascar y cavar y no necesitarán más arenilla en su dieta. Sin embargo, si sus gallinas están confinadas en su gallinero, debe proporcionarles algo de arenilla en un recipiente separado para que puedan digerir los alimentos fibrosos.

Los polluelos y las polluelas que solo han sido alimentados con alimento de iniciación o con alimento de crecimiento no necesitan ninguna arenilla, ya que no se les alimenta con granos u otros alimentos que son difíciles de digerir.

• Bocadillos y sobras

La comida humana es generalmente segura para las gallinas, y no hay problema en alimentar a las gallinas con sobras de su mesa. Sin embargo, ya que sus necesidades nutricionales se satisfacen con el alimento para gallinas, se recomienda mantener al mínimo los bocadillos las sobras de la mesa. Evite alimentar a sus pollos con alimentos grasos, ya que esto puede llevar a la obesidad y, en algunos casos, incluso dificultar la producción de huevos.

Las golosinas, como los mix de granos, pueden utilizarse para aumentar la ingesta de carbohidratos de sus pollos. Los mix de granos suelen contener una mezcla de diferentes granos. Aunque los granos son buenos para la gallina, no contienen todos los nutrientes que las aves necesitan, así que siempre utilice los mix de granos como una golosina y no como el principal alimento básico de la dieta de las gallinas.

Demasiados mix de granos pueden llevar a la obesidad, ya que son altos en carbohidratos. Los mix de granos también carecen de todos los nutrientes que necesitan las gallinas, por lo que no se recomienda confiar en ellos como alimento principal de las gallinas. Mientras alimente a sus gallinas con el alimento apropiado, ocasionalmente se les puede dar bocadillos y sobras, pero no son necesarias.

Alimentación libre versus alimentación restringida

Las gallinas comen casi todo el día, por lo que no se recomienda una alimentación restringida. Una gallina solo puede comer pequeños trozos de comida a la vez, así que, en la mayoría de los casos, comerán poco a la vez durante el día. Usando comederos que reponen el alimento a medida que se come, puede asegurarse de que sus gallinas tengan acceso al alimento durante el día sin tener que seguir reponiendo el alimento manualmente.

Encontrar el alimento adecuado para sus gallinas hará que el proceso de alimentación sea mucho más fácil. No se recomienda alimentar a las gallinas en el suelo, ya que cuando esto se hace, el alimento termina mezclándose con excremento de gallina y otros tipos de suciedad en el suelo. Esto puede conducir a enfermedades e infecciones en su bandada. Para evitar esto, un comedero apropiado será útil.

Comederos automáticos

Los comederos automáticos son convenientes, fáciles de usar y también ayudan a reducir el desperdicio de alimento. Con este tipo de comedero, usted almacenará su alimento para gallinas en él, eliminando la necesidad de seguir rellenando su comedero.

Con un comedero automático, el alimento se dispensa según sea necesario, por lo que puede terminar ahorrando en los gastos de alimentación de las gallinas. La desventaja de esto es que como las gallinas pueden acceder al alimento en cualquier momento, puede alentar a comer en exceso, por lo que hay tanto pros como contras en el uso de los comederos automáticos. Estos tipos de comederos también son efectivos para mantener las plagas y los insectos lejos del alimento de las gallinas. Sin embargo, un comedero automático suele ser más costoso que otros tipos de comederos.

En última instancia, si no le apetece tener que alimentar a sus gallinas manualmente un día sí y otro no, un comedero automático es la solución.

Comederos de gravedad

Estos comederos son fáciles de usar y funcionan simplemente soltando el alimento hacia abajo mientras se come. Puede montar un comedero de gravedad o dejarlo como independiente, dependiendo de dónde elija colocarlo. A diferencia del comedero automático, este tipo necesita ser reabastecido a menudo, ya que solo se puede poner una cantidad limitada de alimento.

El número de comederos que necesitará dependerá del tamaño de su bandada. Intente tener al menos un comedero por cada diez aves. Si tiene aves de edades mixtas en el mismo gallinero, debe tener un comedero separado para sus polluelos para asegurarse de que solo coman su alimento y no el de las ponedoras.

Los comederos por gravedad son baratos, fáciles de usar y una opción conveniente si tiene una bandada pequeña.

Abrevadero de sus gallinas

Las gallinas maduras beben aproximadamente una pinta de agua al día. Dado que beben esta cantidad en pequeñas porciones a lo largo del día, es esencial asegurarse de que sus gallinas tengan acceso a agua limpia a tiempo completo. La falta de suficiente agua potable puede causar una pobre producción de huevos, mala salud e incluso un desarrollo deficiente.

Los bebederos son muy útiles porque ayudan a suministrar agua de manera eficiente a sus gallinas. Cuando se les proporciona agua a las gallinas en recipientes abiertos, las posibilidades de que la suciedad y los desechos contaminen el agua son altas. Por eso un bebedero es más adecuado e higiénico para su bandada.

Bebederos Galvanizados

Cuando se utiliza un bebedero galvanizado, la presión del vacío permite que el agua siga llenando el bebedero según sea necesario. Esto limita el desperdicio y evita el sobrellenado. Sin embargo, necesitará poner el bebedero en una superficie plana para que funcione correctamente. También puede suspender o colgar el bebedero del tejado del gallinero.

Un bebedero galvanizado está típicamente hecho de acero y por lo tanto es muy duradero. Sin embargo, si planea complementar el agua con vinagre u otros suplementos, reaccionarán con el metal, así que es mejor si va a por un bebedero de plástico.

Bebederos de plástico

Al igual que los bebederos galvanizados, los bebederos plásticos liberan agua a medida que se necesita. Esto ayuda a eliminar los residuos y también a mantener limpia el agua potable. Los bebederos plásticos vienen en una variedad de tamaños que van desde los más pequeños hasta los más grandes. Este tipo de bebedero es fácil de usar y es el más popular entre las personas que crían gallinas domésticas.

Con este tipo de bebedero, se pueden agregar suplementos al agua, ya que los suplementos no reaccionan con el plástico. Este tipo de bebedero también es ideal para condiciones de calor extremo, ya que no se calienta tan rápido como el metal galvanizado. Los bebederos plásticos también aíslan el agua mejor que los de metal en temperaturas frías.

Bebederos de boquilla

Los bebederos de boquilla suelen tener pequeñas boquillas de plástico o salidas unidas al bebedero principal de modo que, en lugar de beber de un abrevadero o labio, sus gallinas beben de la boquilla. Estos bebederos ayudan a mantener el desorden al mínimo. Sin embargo, necesitará entrenar a sus gallinas para que beban de este tipo de bebedero hasta que le cojan el truco.

Algunos bebederos tienen vasos en lugar de salidas boquillas. Estos pueden ser comprados por separado para ser conectados a su bebedero normal, o puede comprar un bebedero que ya los tenga conectados.

Bebederos caseros

Puede fácilmente hacer un bebedero casero para sus gallinas usando un cubo de plástico y un plato. Simplemente perfore algunos agujeros en el cubo. Perfore los agujeros más abajo que la parte superior del plato de plástico que va a utilizar. Llene el balde con agua y vuelva a colocar la tapa. El cubo debe estar encima del plato, permitiendo un área para que las gallinas beban a lo largo de los bordes.

Abrevadero en invierno

Cuando las temperaturas bajan, el agua tiende a congelarse, por lo que tendrá que asegurarse de que sus gallinas todavía tienen acceso al agua durante el invierno. Reponer los bebederos con agua tibia a menudo es una forma de asegurar que sus gallinas tengan acceso al agua potable durante la temporada de frío.

Si utiliza un bebedero galvanizado, tener una lámpara de calor directamente sobre él puede ayudar a evitar que el agua se congele. Algunos bebederos vienen con bases calefactoras que pueden ser conectadas a la electricidad para evitar que el agua se congele. Esto también ayudará a asegurar que sus gallinas tengan acceso al agua durante los fríos meses de invierno.

Señales de mala nutrición en la gallina

Para que sus gallinas se mantengan sanas y productivas, una dieta saludable es crucial. Tener cuidado de observar cualquier signo de deficiencias nutricionales en su bandada le guiará para saber si está alimentando a sus gallinas adecuadamente.

A continuación, se presentan algunos síntomas clásicos de mala nutrición a los que debe estar atento.

I. Una caída en la producción de huevos

II. Emplumado pobre

III. Huevos con cáscara fina

IV. Piernas curvadas

V. Retraso del crecimiento

VI. Plumas arrugadas

VII. Dedos de la patas que se curvan hacia adentro

VIII. Gallinas comiendo sus propios huevos

Las proteínas, las vitaminas, los minerales y los carbohidratos juegan un papel crucial para asegurar la buena salud de las gallinas. Asegúrese siempre de que sus gallinas reciben el alimento adecuado para su edad. Si sus gallinas están encerradas o restringidas a un área en la que no pueden buscar comida en el suelo, puede incluir suplementos en su dieta para compensar cualquier deficiencia de nutrientes en su alimento.

En última instancia, solo obtendrá lo mejor de su gallina si está bien alimentada y cuidada. Las aves sanas producen más huevos que las que tienen mala salud. Siempre revise las etiquetas de los alimentos que compra para asegurarse de que está recibiendo un alimento que cumple con los requisitos nutricionales básicos de sus gallinas.

Capítulo 8: Administración de sus gallinas ponedoras

Con el aumento de la conciencia de la importancia de la comida saludable de fuentes saludables, no es sorprendente que un número cada vez mayor de personas se hayan dedicado a la cría de gallinas domésticas. Ya sea que se mantenga una modesta bandada o docenas de aves, una cosa en la que la mayoría de las personas están de acuerdo es que tener su propio suministro de huevos frescos es muy conveniente. Sin embargo, para obtener lo mejor de sus ponedoras, necesita asegurarse de que están bien cuidadas.

Comenzar con polluelos sanos

Si está criando gallinas domésticas para los huevos, puede comprar polluelos o gallinas adultas. Los polluelos tienden a ser más baratos de comprar en comparación con las gallinas adultas. Sin embargo, habrá un período de espera antes de que pueda comenzar a recolectar los huevos. Los polluelos pueden significar mucho más trabajo en términos de cuidado y mantenimiento, pero una vez que empiezan a poner huevos, es probable que produzcan más huevos que las gallinas adultas. Por otro lado, los polluelos requieren muchos cuidados, por lo que, si no se dispone de mucho tiempo para el cuidado y mantenimiento, siempre se pueden comprar gallinas adultas.

Si decide comenzar su bandada con polluelos, el tipo de cuidado que reciben en las primeras etapas de la vida definitivamente impactará en su producción de huevos en la edad adulta. Un error común que debe evitar es alimentar a los polluelos con comida para ponedoras. Incluso si sus polluelos están destinados a ser criados en ponedoras, nunca deben ser alimentados con alimento para ponedoras hasta que tengan al menos 18 semanas de edad.

El alimento de las ponedoras tiene altos niveles de calcio que es beneficioso para las gallinas ponedoras, ya que ayuda en la formación de la cáscara. Sin embargo, los polluelos no requieren altos niveles de calcio, y si consumen demasiado, puede conducir a problemas de riñón y deformidades óseas. Siempre alimente a sus polluelos con alimento de inicio hasta que tengan 18 semanas de edad. Después de 18 semanas, la mayoría de las razas estarán listas para empezar a poner huevos, y en este punto, puede cambiarlos con seguridad de alimento de inicio a alimento para ponedoras.

Sus polluelos siempre deben tener acceso a agua limpia. Puede hacer que el bebedero para sus polluelos esté suspendido sobre el piso de la incubadora para que no se contamine con excremento o cualquier otro tipo de suciedad. Siempre debe mantener la incubadora limpia si quiere que se mantengan saludables. Si deja el lecho en su incubadora demasiado tiempo, la acumulación de excremento y humedad puede causar enfermedades.

Una incubadora sucia puede socavar todo su trabajo duro, incluso si está alimentando a sus polluelos con el alimento adecuado. Limpie su incubadora tan a menudo como sea posible, y no deje que el lecho se humedezca. Una incubadora sucia puede provocar enfermedades e impactar negativamente en el crecimiento y desarrollo de sus polluelos.

Una vez que los polluelos han comenzado a crecer algunas plumas, por lo general en unas cinco o seis semanas, están listos para ir al gallinero principal. A partir de esta edad, se les puede permitir salir al aire libre, aunque tendrá que asegurarse de que están a salvo de los depredadores y roedores.

Alimentando sus ponedoras

Cuando sus gallinas llegan a la etapa de puesta de huevos, sus necesidades nutricionales evolucionan para permitirles producir huevos. Esto significa que necesitan ser alimentadas con alimento para ponedoras. Este alimento tiene una dosis saludable de calcio, que se requiere para la formación de la cáscara. Es importante asegurarse de que sus ponedoras estén comiendo el alimento adecuado y que tengan suficiente.

Las gallinas tienden a comer durante todo el día. La mejor manera de alimentarlos es a través de comederos que dispensan la comida a medida que se come. Esto ayuda a asegurar que sus ponedoras tengan acceso a la comida cuando la necesiten. La principal fuente de nutrición para sus ponedoras debería ser el alimento para ponedoras. Aunque las gallinas están felices de comer cualquier cosa, incluyendo las sobras de su mesa, requieren una dieta nutritiva, que solo se logra alimentándolas principalmente con alimento para ponedoras de alta calidad.

Incluso con una alimentación de alta calidad para ponedoras, sus ponedoras seguirán necesitando una fuente adicional de calcio. Por eso es importante proveer a sus gallinas con conchas de ostras trituradas. Las conchas de ostras trituradas son una gran fuente de calcio para las ponedoras. Todo lo que necesita hacer es ponerlas en un plato o contenedor separado cuando alimente a sus gallinas. No tiene que preocuparse de que sus gallinas coman demasiado de las conchas de ostras. Las gallinas comerán tanto calcio como su cuerpo lo requiera. Haga de las conchas de ostras un elemento básico en la dieta de sus gallinas si quiere aumentar la producción de huevos.

Si sus gallinas no son de cría libre, significa que no tienen suficiente arenilla. La arenilla es un material grueso que las gallinas ingieren del suelo para ayudar a la digestión de materiales fibrosos como los granos. En el caso de las aves encerradas, es necesario proporcionarles arenilla para complementar su dieta y ayudar en la digestión adecuada. No mezcle la arenilla con el alimento regular de las gallinas, sino que debe proporcionarla por separado. Al igual que las conchas de las ostras, las gallinas solo ingerirán la cantidad de arenilla que necesiten, así que no hay que preocuparse de que puedan comer demasiada.

Aparte de su alimento principal para ponedoras, aquí hay algunas cosas que puede incluir en la dieta de sus gallinas para mantenerlas poniendo huevos.

- **Gusanos de la harina**

Esta golosina está llena de proteínas saludables y es una golosina muy saludable para las gallinas. También contiene muchos minerales y vitaminas esenciales que son buenos para la salud de las gallinas. Sin embargo, no alimente demasiado a sus gallinas, ya que no requieren cantidades excesivas de proteínas. Una cucharada de gusanos de la harina por gallina una o dos veces a la semana debería ser suficiente.

- **Maíz quebrado**

Este es una golosina saludable para las ponedoras. Sin embargo, el maíz tiene un alto contenido en carbohidratos, por lo que se debe alimentar a las gallinas con moderación para evitar la obesidad. El aumento de peso excesivo reduce la producción de huevos y no es bueno para la salud de las gallinas.

- **Verduras**

Las verduras y los vegetales tienen muchos minerales y vitaminas esenciales que ayudan a mantener a sus gallinas sanas. La col rizada, el repollo y los dientes de león son grandes bocadillos saludables que puede dar a sus gallinas ocasionalmente.

Las frutas como la sandía también son buenas para las gallinas y pueden darse como bocadillos de vez en cuando.

• Granos raspados

Puede alimentar a sus gallinas con granos raspados como bocadillos, siempre que lo haga con moderación.

• Desechos y sobras

Las gallinas pueden consumir comida humana con seguridad, ya que la mayoría de los alimentos humanos también son seguros para las gallinas. Sin embargo, cuando les dé a sus gallinas sobras de su mesa, evite ciertos alimentos, incluyendo el aguacate, los tallos de tomate y frutas como el limón y las naranjas. También deben evitarse alimentos como el ajo y la cebolla. Tenga en cuenta que las sobras de la mesa deben administrarse con moderación, ya que pueden provocar obesidad, lo que a su vez afectará a la salud de sus gallinas.

Por último, sus ponedoras deben tener acceso a agua limpia en todo momento. Encuentre un bebedero adecuado y asegúrese de mantenerlo siempre limpio. Los contaminantes provenientes del excremento de las gallinas, impurezas y desechos pueden contaminar fácilmente el agua. Si descubre que el agua de las gallinas tiene suciedad, viértala y reemplácela por agua potable limpia.

Alojamiento

El gallinero y el corral necesitan mantenerse limpios para asegurar la salud de las gallinas. Asegúrese de que tiene un lecho adecuado para mantener el gallinero libre de humedad. El lecho también ayuda a prevenir la acumulación de amoníaco en el gallinero. Si el amoníaco del estiércol de las gallinas se acumula a niveles muy altos, puede provocar enfermedades respiratorias, por lo que es mejor asegurarse de que el gallinero esté bien ventilado.

Las ponedoras necesitan un espacio privado para poner huevos y para la cría. Deberían tener cajas para anidar en su gallinero donde sus ponedoras puedan poner huevos. Las cajas de anidación necesitan ser acolchadas con lecho. La paja y el heno son excelentes lechos para las cajas de anidación, ya que son suaves. Este lecho acolchará el huevo una vez puesto y también ayudará a aislar a la gallina. Sin embargo, al igual que el lecho del resto del gallinero, cambie el lecho de las cajas de anidación a menudo para mantenerlas limpias. Las cajas de anidación deben ser limpiadas al menos una vez al mes.

Las cajas de anidación necesitan ser ligeramente levantadas del suelo. Las cajas de anidación deben ser iluminadas tenuemente, por lo que solo asegúrese de que no se colocan en un área con luz solar directa. Algunas personas usan cortinas, pero esto no es necesario siempre y cuando se hayan colocado las cajas de anidación en una zona tranquila del gallinero.

Se necesita al menos una caja de anidación por cada cuatro gallinas para que todas las ponedoras tengan acceso a la siguiente caja cuando necesiten poner huevos. Si las cajas de anidación son muy pocas, sus gallinas pueden recurrir a poner huevos en rincones escondidos y grietas que pueden ser difíciles de alcanzar. Sobre todo, asegúrese de que sus cajas de anidación estén a salvo de depredadores, roedores y otras plagas. Los huevos pueden atraer a los depredadores, por lo que sus cajas de anidación deben ser revisadas regularmente para detectar plagas y roedores como los ratones.

Los meses de invierno representan un desafío para las gallinas, ya que el clima frío puede afectar la producción de huevos si su bandada no está cómoda y debidamente aislada. Para asegurarse de que sus ponedoras estén cómodas durante la temporada de frío, estos son los factores que debe tener en cuenta.

1) Iluminación

Las ponedoras necesitan luz para estimular la glándula pineal. Esta glándula inicia la producción de huevos liberando hormonas para iniciar el proceso. Esto significa que las gallinas necesitan la luz del día para producir huevos. En los meses de invierno, pueden sustituir la luz del día por una bombilla incandescente de 60 vatios. Asegúrese de proporcionar luz durante al menos 16 horas cada día.

2) Dormideros

Las barras de descanso son una parte esencial de cualquier gallinero. Sus ponedoras necesitan un área cómoda para posarse, y los gallineros les proporcionan este espacio. Cuando hace frío, las gallinas tienden a posarse cerca unas de otras para mantenerse calientes. Asegúrese de que el gallinero tenga suficiente espacio para que sus gallinas se posen. Una regla general es tener por lo menos 8 pulgadas de espacio para el gallinero.

3) Evitar que el agua se congele

El agua tiende a congelarse en invierno, especialmente si está en bebederos galvanizados. Esto significa que tendrá que mantener un suministro fresco de agua caliente a sus ponedoras durante los meses más fríos. Las gallinas no pondrán huevos si no tienen acceso a suficiente agua, así que asegurarse de que su agua no se congele es crucial.

4) El método del lecho profundo

El lecho no solo ayuda a mantener el gallinero limpio y sin olores, sino que también ayuda a aislar el gallinero, haciéndolo más cálido y confortable para sus gallinas. Durante el invierno, tener una capa más profunda de lecho y arena que durante los meses de verano puede ayudar a mantener el gallinero caliente.

Para utilizar el método del lecho profundo para mantener el gallinero lo suficientemente caliente en invierno, puede seguir añadiendo a su lecho normal a medida que se aproxima el invierno, añadiendo capa tras capa de lecho periódicamente. Para el invierno, si su lecho tiene hasta 8 pulgadas de profundidad, las capas inferiores del lecho comenzarán a emitir calor a medida que se composta, y el gallinero estará mucho más caliente.

5) Proporcione bocadillos para calentar

Tratamientos como el maíz, que estimulan el metabolismo de las gallinas, pueden ayudar a mantenerlas calientes. Puede alimentar a sus gallinas con maíz partido por las tardes para mantenerlas calientes durante la noche.

Reducir el estrés para una mejor producción de huevos

Los vientos, el calor extremo y las olas de frío son factores de estrés que pueden afectar la capacidad de las gallinas para producir huevos. Para reducir los niveles de estrés que sufren sus gallinas durante las condiciones difíciles, aquí hay algunos consejos sencillos para ayudar a mantener la producción de huevos y a sus gallinas saludables.

- Aumentar la ingesta de proteínas puede ayudar a minimizar los efectos del estrés en sus gallinas. Puede añadir a la dieta de sus gallinas bocadillos ricos en proteínas, como los gusanos de la harina.

- Los alimentos verdes, como los vegetales, pueden ayudar a aumentar la fertilidad y la producción de huevos en las gallinas. Son ricos en vitaminas y minerales esenciales y tendrán efectos beneficiosos, especialmente durante las temporadas de alto estrés.

- Añadir vitaminas o suplementos al agua potable también puede ayudar a aumentar la producción de huevos.

- El estrés por calor también es malo para las gallinas y puede causar una disminución en la producción de huevos. Asegúrese de que durante los meses súper calurosos sus gallinas tengan acceso a áreas sombreadas donde puedan refrescarse.

Razones por las que las gallinas dejan de poner huevos

1. Una mala dieta es una de las principales razones por las que las gallinas dejan de poner huevos. Alimente siempre a sus ponedoras con el alimento recomendado para las gallinas

ponedoras de huevos e incluya bocadillos saludables como conchas de ostras para aumentar los niveles de calcio en la dieta.

2. Si sus gallinas no reciben suficiente luz del día, pueden dejar de poner huevos. Las gallinas necesitan al menos 16 horas de luz para producir huevos. Una fuente de luz artificial puede ayudarle a asegurar que sus gallinas reciban suficientes horas de luz todos los días.

3. Las gallinas de cría no ponen huevos. Normalmente pasan mucho tiempo en la caja de anidación y pueden llegar a proteger su espacio, ya que están tratando de empollar los huevos. Este proceso suele durar 21 días.

4. Algunas razas de gallinas no son tan prolíficas como otras y pueden poner solo dos o tres huevos en una semana.

5. Las enfermedades e infecciones parasitarias pueden interferir con la producción de huevos, por lo que, si sus gallinas tienen mala salud, es probable que su producción de huevos disminuya.

6. Las gallinas eventualmente dejarán de poner huevos debido a la edad. La mayoría de las gallinas pondrán activamente huevos durante unos tres años, pero después de eso, habrá una disminución natural en la producción de huevos hasta que cese por completo.

Capítulo 9: Entendiendo a las gallinas

Como propietario primerizo, puede observar comportamientos en sus gallinas que tal vez no entienda. Las gallinas tienden a variar en términos de temperamento, preferencias, peculiaridades e incluso niveles de actividad. Sus gallinas tendrán diferentes personalidades, y por lo tanto no es inusual encontrar que su bandada está compuesta por gallinas que tienen cada una sus características únicas. Entender por qué sus gallinas se comportan de cierta manera puede ayudarle a cuidarlas y a crear un vínculo con ellas.

A las gallinas les va mejor cuando se crían en grupos o bandadas. Esto se debe a que las gallinas son naturalmente sociales, por lo que prosperan en grupos o bandadas donde son parte de una familia o comunidad. Observar a sus gallinas mientras interactúan y se ocupan de sus asuntos puede ser bastante interesante, y muchas personas que disfrutan de la crianza de gallinas como pasatiempo a menudo se encuentran disfrutando de la "televisión de las gallinas". Sin embargo, es importante saber qué conductas constituyen un comportamiento normal de las gallinas y cuáles pueden ser señales de enfermedad o de estrés.

Comportamiento normal de la gallina

Orden jerárquico

En cada bandada, hay un orden jerárquico. Así es como funciona la jerarquía social de las gallinas. Cuando las gallinas se juntan en grupos, encuentran maneras de establecer rangos donde hay una especie de estructura social, y todo el mundo sabe su lugar. Esto sucede incluso entre los polluelos, y encontrará que incluso las aves a esa tierna edad tienen un orden jerárquico.

A menudo las gallinas se pelean entre sí para establecer y mantener un orden de picoteo, así que no se sorprenda al ver que las gallinas de su bandada se pelean de vez en cuando. La mayoría de las peleas suelen ser de corta duración y no terminan realmente causando un daño grave. Sin embargo, esto puede no ser el caso si su bandada tiene varios gallos. Los gallos pueden pelear a muerte, especialmente si hay gallinas en la bandada por las que pelear.

Las bandadas pequeñas tenderán a tener menos disputas sobre el rango por la simple razón de que es más fácil establecer un orden de jerarquía en grupos más pequeños. Las bandadas más grandes tendrán peleas más frecuentes, especialmente si la bandada tiene varios gallos. En cualquier bandada en la que haya un solo gallo, este dominará a las gallinas y será el líder por defecto de la bandada.

El gallo líder mantiene la jerarquía social en su bandada e incluso acude al rescate cuando las gallinas de su bandada se pelean. Aunque el gallo se vuelve protector de todas las gallinas de su rebaño, a menudo, tendrá una gallina favorita a la que obviamente favorece sobre las demás. Este tipo de favoritismo es una especie de ritual de apareamiento, y el gallo se apareará más a menudo con su gallina favorita que con las otras gallinas de su bandada.

En las bandadas sin gallo, la gallina dominante se convierte en la líder de la bandada. Ella estará a cargo de la bandada y asumirá el papel de protectora y pacificadora para el resto de la bandada. El orden de jerarquía se interrumpe generalmente cuando se traen nuevas gallinas a la bandada. Si se introducen nuevas aves en una bandada existente, es probable que haya una cierta cantidad de disputas. Esta es generalmente una manera de mostrar a las nuevas aves quién está a cargo y establecer sus lugares o clasificaciones en la bandada.

Para mantener las peleas al mínimo cuando se traen nuevas aves a casa, se las puede separar del resto de la bandada por un día o dos. Esto les dará tiempo para familiarizarse con los demás sin tener que estar necesariamente a una distancia de pelea.

A fin de cuentas, las disputas y peleas entre gallinas son normales. Es simplemente como establecen su orden de picoteo. No es necesario tratar de separarlas durante tales peleas, ya que estas peleas suelen ser cortas, y en la mayoría de los casos, no se derrama sangre. Sin embargo, los gallos pueden matarse entre sí en el curso de una pelea seria, así que una vez que comienzan a sacar sangre, deberá separarlos para evitar un resultado fatal.

Baños de polvo

A menudo notará que a sus gallinas les encanta bañarse en el polvo. El baño de polvo es un comportamiento normal en las gallinas, y proporcionar un baño de polvo en su gallinero es en realidad recomendado para mantener a sus gallinas felices. Al tomar un baño de polvo, su gallina encontrará un lugar con tierra suelta. Entonces cavarán una depresión en este parche antes de sentarse en él y tirar la tierra sobre ellas mismas con sus plumas y patas.

El baño de polvo ayuda a los gallinas a deshacerse de los ácaros, piojos y otros parásitos. También es una experiencia divertida para ellas, por lo que, si sus gallinas están confinadas a un corral, siempre puede proporcionarles una caja de arena para el baño de polvo.

Crianza

Las gallinas se empollan de vez en cuando. Aquí es cuando la gallina quiere incubar los huevos. Las gallinas que incuban se vuelven inactivas y pueden sentarse en la caja del nido durante días. También pueden volverse agresivas o protectoras al tratar de proteger su espacio de anidación. Si quiere polluelos, este es el mejor momento para poner huevos en la caja de anidación de la gallina y dejarla que los incube. Sin embargo, si no quiere polluelos, puede evitar que una gallina sea incubada bajando su temperatura corporal. Un baño frío o mantenerlas alejadas del nido por la noche son dos maneras fáciles de hacerlo.

Canto

Los gallos cantan todos los días. Esto es solo parte de su naturaleza; ellos cantarán al amanecer y durante todo el día. Esto es parte de la razón por la que la mayoría de las ciudades y pueblos prohíben la cría de gallos. El canto, desafortunadamente, no es algo que se pueda detener, ya que es una parte natural del comportamiento de un gallo.

Cuando cantan, los gallos están esencialmente dando a conocer su presencia a los otros gallos, a las gallinas a su alrededor, o simplemente expresándose. Incluso si su área le permite criar gallos en su patio trasero, asegúrese de que está listo para lidiar con el canto de los gallos, porque va a ser un hecho cotidiano.

Acicalamiento

Notará que sus gallinas pasan bastante tiempo picoteando sus plumas. Este tipo de acicalamiento es parte del comportamiento normal de las gallinas. Cuando se acicalan, las gallinas esencialmente eliminan la suciedad, las plagas o los insectos de sus plumas, así que, en efecto, el acicalamiento es la forma de las gallinas de mantenerse limpias.

Muda

Las gallinas usualmente pasan por un período en el que se deshacen de las plumas viejas y les crecen otras nuevas. Este proceso se conoce como muda y típicamente ocurrirá cuando las temperaturas empiecen a enfriarse. Durante este período de muda, notará que sus gallinas dejarán de poner huevos, ya que están reservando sus nutrientes para el proceso de renovación de las plumas.

El período de muda tiende a variar de una gallina a otra, pero en promedio, oscilará entre 4 y 16 semanas. Puede ayudar a acelerar el proceso de sus gallinas aumentando su ingesta de proteínas. Las plumas están compuestas en su mayoría por proteínas, así que cuanto mayor sea la cantidad de proteínas en la dieta de su gallina, más rápido será el proceso de muda. También es mejor evitar el estrés de sus gallinas durante este período. Esto significa que no debe tocarlas ni manipularlas, ya que sus cuerpos son súper sensibles durante el período de muda.

Rascando y escarbando

A las gallinas les encanta rascar y escarbar el suelo. Desentierran bichos, gusanos y arenilla para comer del suelo. Notará que sus gallinas pasarán la mayor parte del tiempo al aire libre escarbando y rascando. Este es un comportamiento normal y esperado de las gallinas, y se recomienda que les proporcione un área de forrajeo al aire libre donde puedan cavar y rascarse. Si sus gallinas no son de cría en libertad, puede confinarlas a un corral, lo cual les dará un espacio para buscar comida donde puedan escarbar y rascar.

Celibato

Las gallinas no necesitan un gallo en la bandada para ser felices o para poner huevos. Las gallinas que se crían sin gallo crean su propia sociedad y orden de picoteo donde la gallina dominante se convierte en la cabeza del grupo. Las gallinas pondrán huevos como lo harían normalmente sin un gallo en la bandada. Sin embargo, dado que estos huevos no serán fertilizados, no podrán empollar polluelos de ellos.

Comportamiento anormal de las gallinas

Hay comportamientos de las gallinas que deberían servir como indicador de que hay un problema con su bandada. El comportamiento anormal de las gallinas puede ser causado por enfermedades o factores de estrés, por lo que la observación de sus gallinas a menudo le ayudará a detectar cualquier comportamiento no deseado. Aquí hay algunos comportamientos anormales de las gallinas para los cuales usted necesita estar alerta.

Agresión

Las disputas y las peleas, como hemos aprendido, son comportamientos aceptables y normales que las gallinas usan para establecer un orden de picoteo en la bandada. Sin embargo, en algunos casos, pueden tener aves demasiado agresivas que lo atacan a usted o a sus hijos. Este comportamiento es comúnmente observado en los gallos. Los gallos pueden adquirir el hábito de atacar a cualquiera que se acerque a su espacio. Picotearán, abofetearán con sus plumas, e intentarán golpear con sus garras o espuelas.

Este tipo de agresión puede ser peligrosa, especialmente si tiene hijos, y necesita ser abordada. Un gallo que ataca a los humanos está tratando de establecer un dominio sobre ellos, y si no se frena el comportamiento, puede convertirse en un problema serio. Para establecer que usted es el jefe, necesita manejar al gallo con un poco de fuerza. Esto significa que, si le picotea, debe empujarlo con las patas y forzarlo directamente al suelo.

El objetivo no es herir al pájaro sino forzarlo a una posición sumisa. También puede sujetarlo por unos minutos. Forzar al gallo agresivo a quedarse quieto es una forma de establecer quién está a cargo. Los gallos generalmente dejan de atacar a los humanos una vez que se les hace entender que los humanos están más arriba en la jerarquía.

Las gallinas rara vez serán agresivas con los humanos a menos que estén protegiendo a sus polluelos. Esto es solo un instinto de protección natural y solo durará mientras los polluelos sean jóvenes. Evite tocar o manipular a los polluelos, ya que esto puede hacer que la gallina madre sienta que sus bebés están en peligro y lo ataque.

Picoteo y recolección de plumas

Cuando sus gallinas no tienen suficiente espacio y están en un gallinero o corral atestado, pueden recurrir al picoteo incesante y a la recolección de plumas. Esto puede ser un signo de estrés o aburrimiento. Siempre asegúrese de que su corral y gallinero tengan suficiente espacio para el número de aves que tiene en su bandada. El espacio recomendado en el gallinero por gallina es de al menos tres pies cuadrados, mientras que el corral debe tener al menos de ocho a diez pies cuadrados de espacio para cada ave.

Caída de alas

Si observa a sus gallinas arrastrando sus plumas por el suelo, es una señal común de enfermedad. Las alas caídas pueden señalar cualquier número de condiciones, y es posible que necesite que su gallina sea revisada para detectar enfermedades. Recuerde que las enfermedades de las gallinas se pueden propagar muy rápidamente entre la bandada, por lo que una intervención temprana puede ayudarle a evitar que una enfermedad se propague.

Letargo

Una gallina normal es por naturaleza alerta, activa y curiosa. Estarán rascando y escarbando en el suelo, moviéndose constantemente, e interactuando de una manera u otra con el resto de la bandada. Si su gallina parece aburrida o inactiva y muestra un desinterés general por lo que pasa a su alrededor, puede que no se encuentre bien. Si observa que la gallina tiene problemas para mantener la cabeza en alto o para caminar, es una clara señal de mala salud, y debe ser examinada por un veterinario.

Gallinas comiendo sus propios huevos

Cuando las gallinas empiezan a comer sus propios huevos, esto puede convertirse en un problema serio. Este comportamiento es comúnmente causado por una deficiencia de calcio, y las gallinas comienzan a comer huevos como una forma de complementar su consumo de calcio. Si se deja que este comportamiento continúe durante mucho tiempo, será aún más difícil de romper, así que es mejor detenerlo tan pronto como se dé cuenta de que está sucediendo.

Para detener este hábito, alimente a sus gallinas con calcio extra proporcionándoles cáscaras de ostras trituradas. Evite alimentarlos con cáscaras de huevo a menos que estén completamente trituradas; de lo contrario, comenzarán a asociar sus huevos con las cáscaras que usted les da.

Otra razón que puede animar a las gallinas a comer sus huevos es la rotura de los mismos. Una vez que un huevo se rompe, es probable que las gallinas lo coman. Para evitar esto, asegúrese de que sus cajas de anidación estén bien acolchadas con paja y heno. También debe evitar la congestión en las cajas de anidación teniendo al menos una caja de anidación por cada cuatro gallinas de su bandada.

En última instancia, las gallinas tienen peculiaridades y personalidades únicas, y la mejor manera de entender su bandada es pasar algún tiempo observándolas. De esta manera, conocerá cuál es el comportamiento normal de ellos. Una vez que entienda su comportamiento rutinario, será más fácil identificar cualquier comportamiento no característico que pueda ser causado por el estrés, la enfermedad u otros factores. Un buen criador de gallinas conoce bien a su bandada y se ocupa de entender a sus gallinas.

Capítulo 10: Todo sobre los huevos

Uno de los principales beneficios de la crianza de gallinas en el patio trasero es el suministro de huevos frescos. A medida que más y más personas buscan formas de producir su propia comida y tomar el control de qué tipo de comida está en su mesa, la popularidad de la crianza de gallinas sigue aumentando. Para los principiantes que acaban de comenzar la crianza de gallinas, recolectar su primer lote de huevos puede ser bastante satisfactorio.

Yemas brillantes, claras firmes y, por supuesto, bondades sabrosas son algunas de las características de los huevos frescos. Cuando se comparan los huevos de su gallinero con los comprados en el supermercado, la diferencia suele ser bastante clara. Cuando uno compra huevos en una tienda de comestibles, no hay forma de saber cuán frescos son, cómo se criaron las gallinas que los produjeron, o qué tipo de alimento se les dio.

Cuando se crían gallinas en el patio trasero, se tiene control sobre su dieta. Esto significa que puede elegir ser orgánico y, de esta manera, asegurarse de que sus huevos son completamente naturales y libres de GMO. Esto es lo que hace que la crianza de gallinas domésticas sea tan satisfactoria. Si es principiante, pronto se dará cuenta de que los huevos tienen diferentes formas, colores e incluso tamaños. Desde los huevos marrones hasta los blancos e incluso los azules, hay una gran variedad no solo de colores sino también de cualidades de los huevos.

Antes de poder disfrutar de sus huevos, primero debe conocer la mejor práctica en cuanto a la recolección, limpieza y almacenamiento de los mismos.

Recolección de huevos

Cuando sus gallinas ponen huevos, no quiere dejarlas tiradas en el gallinero por mucho tiempo. Aquí están algunas de las razones por las que es importante recolectar sus huevos regularmente,

- Los huevos son frágiles y cuanto más tiempo los deje en el gallinero, más posibilidades hay de que sean pisoteados y rotos.

- Los huevos pueden atraer a los depredadores y roedores al gallinero. A los gatos, mapaches, ratas y otros tipos de depredadores les gusta el sabor de los huevos, por lo que pueden adquirir el hábito de entrar en el gallinero si los huevos se dejan constantemente tirados.

- Los huevos no tienen una vida útil muy larga, así que, si desea disfrutar de sus huevos frescos, es mejor recolectarlos a menudo del gallinero.

- Las gallinas pueden empezar a comer sus propios huevos si no se recolectan a menudo. Esto ocurre especialmente cuando hay huevos rotos en el gallinero, y las gallinas se acostumbran a comerlos.

- Los gallineros tienden a tener muchos contaminantes en forma de estiércol de gallina. No desea que sus huevos permanezcan demasiado tiempo en el gallinero. Cuanto más tiempo permanezcan los huevos en el gallinero, más probable es que se contaminen con tierra y caca de pollo.

- Si tiene una pequeña bandada, es aconsejable recolectar los huevos una vez por la mañana y más tarde por la noche. Las personas con grandes bandadas deben recolectar huevos tres veces al día. Esto asegurará que los huevos puestos durante el día no permanezcan en el gallinero durante la noche. Un contenedor de plástico debe ser suficiente para recoger los huevos. Solo asegúrese de no apilarlos muy alto para evitar roturas accidentales.

Limpieza de los huevos

Cuando las gallinas ponen huevos, normalmente tienen una capa protectora natural sobre ellos para mantenerlos libres de gérmenes. Sin embargo, es normal que los huevos se ensucien un poco en el gallinero, así que limpiarlos antes de almacenarlos es una buena práctica. En la mayoría de los casos, se recomienda limpiar los huevos con un paño seco. El uso de un paño seco ayudará a limpiar los huevos sin dañar su capa externa protectora natural.

Alternativamente, hay veces que los huevos pueden tener manchas de caca y otros tipos de suciedad que deben ser lavados. En tales casos, está bien limpiar los huevos con un poco de agua. Lo ideal es que, cuando se utilice la limpieza en húmedo, se use agua tibia. Una vez que el huevo esté limpio, puede secarlo con una toalla de papel y luego colocarlo en una rejilla.

Asegúrese siempre de que las cajas de nidos y el gallinero se mantengan limpios, ya que esto reducirá las posibilidades de recoger huevos sucios. Limpie el lecho de las cajas de anidación tan a menudo como sea posible, y esto les dará a sus gallinas un lugar limpio para poner sus huevos. En última instancia, esto significa huevos más limpios para usted.

Almacenamiento de sus huevos

Ya sea que sus huevos sean simplemente para consumo doméstico o para la venta, el almacenamiento adecuado es importante para preservar la frescura. Una vez que los huevos estén limpios, deben ser almacenados en un cartón de huevos. Se recomienda indicar la fecha de recolección de los huevos en el cartón para saber cuáles son los más frescos. Esto es especialmente importante si se recolectan muchos huevos de su bandada diariamente. Si no los separa por fecha, se arriesga a que algunos de ellos se vuelvan rancios.

Utilice siempre los huevos en el orden en que fueron recolectados. Esto evita situaciones en las que algunos huevos se estropean porque han sido almacenados durante demasiado tiempo. Como regla general, guarde los huevos en el refrigerador. Los huevos refrigerados tendrán, en promedio, una vida útil de un mes a partir de la fecha de recolección. Los huevos que no se limpiaron en húmedo después de la recolección pueden durar varias semanas almacenados a temperatura ambiente. Lave siempre los huevos antes de usarlos para eliminar cualquier suciedad o contaminante de la superficie.

Si ha almacenado sus huevos por un tiempo y no está seguro de si aún están frescos, puede utilizar una simple prueba de flotación para averiguarlo. Llene un cuenco con agua limpia, luego coloque el huevo dentro del cuenco; un huevo fresco se hundirá en el fondo, mientras que un huevo rancio flotará en el agua.

Determinando la calidad de los huevos

La calidad de un huevo se basa típicamente en la calidad interna del huevo y la calidad externa del mismo. La calidad externa del huevo se centra en las características externas de los huevos, como la limpieza, la forma e incluso la textura. Si planea vender sus huevos, deben ser clasificados como A o AA. Si los huevos son de categoría B, no están aprobados para su venta en las tiendas.

La calidad externa comienza con la limpieza de los huevos. Aunque una gallina ponga un huevo cuando está limpio y bonito, los huevos se ensucian fácilmente en la caja de anidación. Por eso es importante recolectar los huevos tan a menudo como sea posible para mantener la contaminación al mínimo. Siempre se pueden limpiar en seco o en húmedo para mantener los huevos limpios, aunque esto afectará a su vida útil.

El otro aspecto que afecta a la clasificación de la calidad externa de un huevo es su forma. Los huevos que tienen cualquier otra forma que no sea la ovalada se consideran de menor calidad. Esto no significa que su contenido nutricional sea menor, sino que simplemente indica que su forma física difiere de la forma oval ideal de un huevo. Del mismo modo, los huevos con cáscara rugosa o desigual se degradan, ya que tienen más probabilidades de romperse que los de cáscara más lisa.

La calidad interior se clasifica en base a la calidad de las características internas del huevo, como la yema. Cuando un huevo es fresco, la yema tiende a ser redonda y firme. Sin embargo, a medida que pasa el tiempo, la yema comienza a absorber agua de la clara del huevo y aumenta de tamaño. Esto significa que cuanto más tiempo se almacena un huevo, más se reduce su calidad interna.

La calidad interna de un huevo no solo se ve afectada por el paso del tiempo, sino que se verá afectada por una serie de otros factores. Estos incluyen la enfermedad, la temperatura, la humedad y el almacenamiento del huevo. Esto significa que, para obtener huevos de alta calidad, las gallinas deben estar sanas y alimentadas con una dieta bien equilibrada. La forma en que usted maneja los huevos y los almacena también puede causar que la calidad interna del huevo se deteriore.

Cuando los huevos se almacenan a altas temperaturas, la calidad interna del huevo se reduce. Por eso se recomienda la refrigeración para mantener los huevos frescos el mayor tiempo posible. La manipulación brusca también puede interferir con la calidad interna del huevo, por lo que siempre hay que ser cuidadoso al recolectar, limpiar y almacenar los huevos.

Disfrutando de sus huevos

Los huevos son unos de los alimentos más versátiles del planeta. Desde el desayuno a la cena e incluso los postres, los huevos son un alimento básico en muchos hogares. Se utilizan para crear una amplia variedad de platos. Comenzando con su tortilla matutina, su pastelería favorita, su ensalada y muchas otras comidas, es probable que encuentre que los huevos son ingredientes en muchos platos básicos en muchos hogares. Esto es lo que hace que tener su propio suministro de huevos frescos sea tan gratificante. Cada vez que utilice un huevo de sus gallinas domésticas, puede estar seguro de la frescura y calidad de ese huevo.

¿Qué hay exactamente en un huevo, y qué es lo que hace que este superalimento sea tan popular en todo el mundo? Echemos un vistazo al contenido de nutrientes de un huevo (huevo cocido, valores por 100 gramos)

- Grasa total 11 g (16%)
- Grasas saturadas 3,3 g (16%)
- Grasa poliinsaturada 1,4 g
- Grasa monoinsaturada 4,1 g
- Colesterol 373 mg (124%)
- Sodio 124 mg (5%)
- Potasio 126 mg (3%)
- Total, de carbohidratos 1,1 g (0%)
- Fibra dietética 0 g (0%)
- Azúcar 1,1 g
- Proteína 13 g (26%)
- Vitamina A (10%)
- Vitamina C 0%
- Calcio 5%
- Hierro 6%
- Vitamina D 21%
- Vitamina B-6 5%
- Cobalamina 18%
- Magnesio 2%

El humilde huevo lleva una gran cantidad de vitaminas y nutrientes esenciales, incluyendo proteínas. Los huevos también son relativamente bajos en calorías, y esto significa que van bien incluso con dietas de restricción de calorías. Los huevos son, de hecho, un elemento popular en el menú de las personas que hacen dieta cetogénica, por lo que no debe preocuparse demasiado por el exceso de peso al comer huevos.

Si tiene un suministro constante de huevos de su bandada del patio trasero, recuerde que hay mucho que puede hacer con los huevos en la cocina. Pruebe nuevas y emocionantes recetas, úselas para hornear sus bocadillos y utilice los huevos de la manera más creativa posible. Hay muchas recetas de huevos disponibles en línea, así que, si está buscando nuevas formas de disfrutar de sus huevos, siempre hay una receta que puede probar y disfrutar.

Capítulo 11: Aves de Carne

Un número creciente de personas están criando gallinas con fines de carne. Esto se debe a que a medida que las personas se sensibilizan más a las prácticas dañinas de crianza de gallinas, están eligiendo tener más control sobre el tipo de alimentos que comen. A menudo, en la crianza de gallinas en fábricas no se les da el mejor cuidado o alimento, y la crianza de sus propias aves para la carne le dará acceso a una carne de gallina más saludable.

Puede criar fácilmente gallinas para carne en su patio trasero, ya que el proceso de crianza de aves para carne es más o menos el mismo que el que haría con cualquier otra gallina. La única diferencia suele venir en el tipo de alimentación que les dará a sus gallinas si las cría solo para carne.

Las mejores razas de gallinas para carne

La carne de las aves se diferencia de las ponedoras en que tienden a crecer más rápido y también a aumentar de peso. Esto significa que mientras que cualquier gallina puede ser criada con fines de carne, en última instancia las razas de carne le darán más carne en un marco de tiempo mucho más rápido que las ponedoras. Aquí están algunas de las mejores razas de gallinas de carne que deberían formar parte de su bandada si está criando gallinas domésticas con fines de carne.

• Jumbo Cornish Cross

Esta es una gran raza de gallinas que engorda bastante rápido. Tienen grandes pechugas y grandes muslos que los han hecho populares entre los criadores de carne de gallina. En unas ocho semanas puede esperar que un macho Jumbo Cornish pese unas cuatro libras, mientras que una hembra pesará dos libras a la misma edad.

• Cornish Roaster

Esta es otra gran raza de gallina que es ideal para la carne. Tiene piel amarilla, y, como el Jumbo Cornish, grandes pechugas y muslos gruesos. Esta raza de gallina madura rápidamente, alcanzando la adultez en unas diez semanas.

• Jersey Giant

Como su nombre indica, es un ave grande que es la favorita de muchos productores de carne de gallina. También tiene una buena producción de huevos, por lo que puede servir como ave de carne y ponedoras en su bandada. La Jersey Giants no madura tan rápido como otras aves de carne, pero crecerá hasta alcanzar un tamaño y peso considerables.

• Freedom Rangers

Las Freedom Rangers son otra raza que es perfecta para aquellos que quieren criar gallinas para la producción de carne. Es una raza grande y, en promedio, tardará de nueve a once semanas en alcanzar la adultez.

Cuidado de las gallinas de carne

Alojamiento

Las aves para carne tienden a ser más grandes que su ponedora promedio, por lo que requerirán mucho espacio. Necesita tener un espacio adecuado tanto en su gallinero como en el corral para sus aves para carne. La mayoría de las razas de carne crecerán mucho más rápido que las aves ponedoras, así que esto significa que el espacio en el gallinero se liberará de vez en cuando. Sin embargo, siempre asegúrese de que cada ave tenga un mínimo de 3 pies cuadrados de espacio en el gallinero, y si tiene un corral, el espacio mínimo permitido por ave es de al menos 8 pies cuadrados.

Las aves hacinadas tienden a propagar enfermedades entre ellas, a luchar más, y generalmente experimentan más estrés. Recuerde, un ave saludable le dará carne saludable, por lo que incluso las aves que se crían con fines de carne deben mantenerse en un ambiente saludable y cómodo.

La acumulación de amoníaco en el gallinero y la mala ventilación también pueden causar problemas a su bandada. Siempre asegúrese de que su gallinero tenga suficiente aire que fluya hacia adentro y respiraderos para dejar salir el aire. Los gallineros mal ventilados son un caldo de cultivo para las enfermedades, y lo último que desea es obtener carne de una gallina enferma o infectada.

La higiene es clave para mantener sus aves para carne en un estado saludable. Asegúrese de que haya lecho en el gallinero para ayudar a mantenerlo limpio. Utilice lechos como virutas de madera que absorban y liberen la humedad rápidamente, dejando el gallinero seco y sin olor. Limpie el lecho al menos una vez al mes para evitar la acumulación de estiércol, que puede conducir a altos niveles de amoníaco en el gallinero, así como a la cría de plagas y parásitos en el gallinero.

Las aves para carne necesitan el mismo nivel de cuidado y mantenimiento que las ponedoras. Manténgalas en un ambiente limpio y cómodo, y tendrá menos enfermedades, muertes de aves y problemas de comportamiento a los que enfrentarse.

Alimentación de aves para carne

Al igual que cualquier otra gallina, sus gallinas de engorde deben ser iniciadas con un alimento de inicio. El alimento de inicio es rico en proteínas y está específicamente formulado para promover el crecimiento y el desarrollo adecuado de los polluelos. El alimento de inicio debe darse a los polluelos bebés hasta que tengan tres semanas de edad. A partir de este momento, los polluelos pueden ser alimentados con alimento de crecimiento. Este alimento está diseñado para promover un rápido crecimiento y aumento de peso.

La alimentación por fases permite que las gallinas obtengan todos los nutrientes que necesitan para la edad particular en la que se encuentran, por lo que siempre es importante alimentar a sus gallinas con propósito de carne con alimentos adecuados a su edad. La ventaja clave de criar sus propias aves para carne es que usted puede elegir si los alimenta con alimentos orgánicos o estándar. Los alimentos orgánicos tienen formulaciones similares a los alimentos estándar, pero normalmente se cultivan y procesan bajo condiciones orgánicas que están certificadas y aprobadas por los reguladores pertinentes. Esto significa que, al hacer los alimentos orgánicos, las empresas no pueden utilizar nada tratado con fertilizantes químicos o pesticidas, ni ningún compuesto genéticamente modificado. Cuando usted elige alimentos orgánicos para sus aves para carne, puede estar seguro de que la carne que obtendrá una vez que el ave sea procesada estará libre de productos químicos o de GMO.

Independientemente de si elige un alimento estándar u orgánico para sus aves para carne, asegúrese siempre de que el alimento que elija cumpla con los requisitos nutricionales básicos. El alimento de inicio debe contener al menos un 22% de proteínas, mientras que los alimentos de crecimiento deben contener al menos un 18% de proteínas. Evite dar a sus aves para carne alimento de ponedoras, ya que contiene menos proteínas que el alimento para gallinas de engorde y puede ralentizar la tasa de crecimiento de sus aves para carne.

Una vez que tenga el alimento adecuado, asegúrese de que sus aves para carne reciben todo el alimento que necesitan. Las gallinas de carne comerán, en promedio, más que las ponedoras, pero como madurarán más rápido, el costo promedio no será mucho más alto. Tenga un comedero por cada diez aves más o menos para asegurar que cada uno de sus gallinas tenga suficiente acceso a la alimentación. Si los comederos no son suficientes, las aves más pequeñas serán acosadas y no obtendrán suficiente comida.

Las gallinas, en promedio, beberán más agua que el alimento que consumen, por lo que siempre necesitan tener acceso a agua limpia. Puede utilizar bebederos en su gallinero o corral para asegurarse de que sus aves para carne se mantengan hidratadas y saludables. Asegúrese siempre de que el agua esté limpia y libre de cualquier suciedad o desecho.

Las razas para carne generalmente estarán listas para ser procesadas a las diez semanas de edad, aunque esto puede variar de una raza a otra. No deje que sus aves para carne queden sin procesar por mucho tiempo. Esto se debe a que, si no se procesan en el momento adecuado, aumentan de peso muy rápidamente y pueden desarrollar fallos orgánicos debido al exceso de peso que llevan.

Seguridad

No está engordando sus aves de carne para que los depredadores se alimenten de ellas, por lo que la seguridad debe ser una prioridad máxima en la crianza de aves para carne. Su gallinero debe estar bien asegurado y encerrado con seguridad por la noche para mantener a los depredadores fuera. Los zorros, mapaches, gatos y perros son partícipes del sabor de las gallinas, así que, si consiguen acceder al gallinero, seguro que se producirá un desastre.

Las rejillas de ventilación del gallinero deben estar cubiertas con malla para asegurar que solo el aire pueda entrar y salir. Verifique el gallinero a menudo para ver si hay roedores, que pueden esconderse en el lecho del gallinero y ser una amenaza para su bandada. Es aconsejable mantener el alimento en un área de almacenamiento diferente. Si mantiene el alimento de las gallinas en el gallinero, puede atraer roedores y otras plagas al gallinero.

Los corrales de las gallinas también deben ser construidos teniendo en cuenta la seguridad de las aves. El cercado debe hacerse con malla gallinera u otro material de cercado de malla pequeña. Esto ayudará a mantener a los depredadores alejados de sus gallinas. En algunas áreas, los halcones y los búhos pueden ser una molestia, por lo que el gallinero puede necesitar una cubierta para ahuyentar a los depredadores voladores.

Siempre asegúrese de no dejar a sus otras mascotas en el área de los pollos. Los perros y gatos domésticos pueden herir fácilmente a las gallinas, así que siempre es mejor mantenerlos alejados del gallinero y del corral.

Procesamiento de gallinas para carne

Las aves para carne generalmente estarán listas para ser procesadas a partir de las diez semanas de edad, dependiendo de la raza en particular. Antes de matar a su ave, asegúrese de tener todas las herramientas que necesitará a mano.

Herramientas necesarias

- Cuchillos muy afilados, con una hoja de 4 pulgadas o más.
- Cono de matanza de aves de corral disponible en las tiendas agrícolas
- Cubeta
- Agua limpia, puede llevar una manguera de jardín al área de la carnicería.
- Guantes
- Delantal
- Mesa cubierta de lona
- Agua hirviendo en una enorme olla (suficiente para empapar a su ave adentro)
- Toallas de papel
- Bolsas o contenedores de plástico para el almacenamiento

El proceso de carnicería

I. Una vez que haya capturado el ave que quiere procesar, sosténgala boca abajo por sus patas. En esta posición, el ave se desmayará, facilitando el proceso de carnicería.

II. Coloque la gallina en el cono de matanza.

III. Sosteniendo la cabeza firmemente a través del fondo del cono de matanza, haga un corte profundo y firme con un cuchillo afilado en la garganta.

IV. Una vez que la garganta esté cortada, deje que la sangre se drene en la cubeta hasta que esté completamente drenada.

V. Una vez que la sangre esté drenada, retire el cono de matanza y, aun sosteniendo al pájaro boca abajo por sus patas, sumérjalo en el agua hirviendo.

VI. Asegúrese de que el agua esté lo suficientemente caliente para escaldar la piel. Debería estar al menos a 135°F. Remueva el ave en el agua hirviendo hasta que todas las plumas estén empapadas en el agua.

VII. Desea que las plumas se aflojen, pero no desea que la piel del pollo se desgarre. Una vez que tire de unas cuantas plumas y estas se desprendan fácilmente, saque el ave del agua hirviendo.

VIII. Sostenga el ave o suspéndala sobre su cubeta y comience a quitarle las plumas. Progresará mucho más rápido si frota el pulgar y los dedos contra la veta de las plumas.

IX. Una vez que haya quitado las plumas, enjuague el pájaro con agua limpia.

X. La siguiente parte es preparar la gallina para su almacenamiento o uso.

XI. Cuelgue la gallina por las patas.

XII. Hacer un corte desde la ingle de la gallina hacia abajo, hacia la zona del cuello. Al hacer el corte, los órganos internos también fluirán hacia abajo. Cortar con cuidado para no perforar los intestinos ni ninguno de los otros órganos internos.

XIII. Una vez que todos los órganos han caído (o han sido sacados), enjuague el ave hasta que el agua corra clara.

XIV. Finalmente, puede colocar el ave limpia en su mesa de trabajo cubierta de lona y prepararla. Puede cortarlo en cuartos, separándolo en las articulaciones, o puede almacenarlo entero hasta que sea necesario.

Capítulo 12: Cuidado y mantenimiento de la salud

En cuanto a las mascotas, las gallinas son bastante fáciles de llevar y de bajo mantenimiento. Con un poco de esfuerzo y tiempo de su lado, puede tener una saludable y feliz bandada de patio trasero. La mayoría de los casos de mala salud, baja productividad y muerte de las gallinas se deben a una dieta pobre o a condiciones antihigiénicas en el gallinero. Todo esto significa que, con el cuidado y el mantenimiento adecuados, debería ser capaz de obtener lo mejor de sus mascotas plumosas.

Cuando se trata del cuidado de sus gallinas, la mejor manera de hacerlo es tener tareas programadas. De esta manera, nada se pasa por alto, y todas las necesidades de sus gallinas se satisfacen a tiempo. Por lo tanto, para la mayoría de las personas que crían gallinas domésticas, el hecho de tener las tareas divididas en tareas de mantenimiento diarias, semanales y mensuales les ayuda a mantenerse al día con el cuidado de sus gallinas. Este enfoque le ayudará a ahorrar tiempo mientras sigue dando a sus mascotas el mejor cuidado posible.

Tareas de mantenimiento diario

Revise el bebedero

Las gallinas necesitan acceso a agua limpia todo el día todos los días para mantenerse saludables. Puede que no necesite rellenar el bebedero a diario, pero debe asegurarse de que el agua está limpia y de que no ha entrado suciedad o desechos en ella. Si el agua está sucia, reemplácela por agua limpia.

Alimentar a las gallinas

Alimente a sus gallinas diariamente. Puede elegir entre un comedero automático o un comedero por gravedad que dispensa el alimento mientras se come. Siempre revise sus comederos diariamente para asegurarse de que sus gallinas tengan suficiente alimento.

Recolecte los huevos

Recolecte los huevos diariamente. Si tiene una gran bandada de ponedoras, puede que tenga que hacerlo dos o tres veces al día para mantener los huevos limpios y evitar la contaminación. Dejar los huevos en el gallinero durante períodos prolongados puede atraer a los depredadores y, en algunos casos, puede hacer que las gallinas comiencen a comer sus propios huevos.

Observación de las gallinas

Pase unos momentos cada día observando su bandada. Esto le ayudará a detectar cualquier comportamiento anormal o signos de enfermedad en su bandada. No es necesario que esto ocupe mucho tiempo, e incluso unos pocos minutos al día pueden ayudarle a mantenerse en contacto.

Tareas de mantenimiento mensual

Cambiar el lecho del gallinero

El lecho del gallinero debe cambiarse regularmente para evitar la acumulación de estiércol. Esta es una tarea que se puede hacer mensualmente para asegurar que sus gallinas vivan en un ambiente limpio y saludable. Cuando el lecho no se cambia con frecuencia, puede provocar infecciones y enfermedades.

Limpiar las cajas de anidación

Al igual que el resto del gallinero, las cajas de anidación deben mantenerse limpias. Recuerde que aquí es donde se pondrán los huevos, y no quiere que se contaminen con excremento de gallina u otro tipo de suciedad. Cambie el lecho de la caja de anidación mensualmente para mantenerla limpia.

Limpie sus bebederos

Al menos una vez al mes, asegúrese de que los bebederos han sido limpiados a fondo para eliminar cualquier contaminante. Puede usar una mezcla de lejía y agua para desinfectarlos completamente y luego enjuagarlos bien con agua limpia. El agua puede convertirse fácilmente en portadora de patógenos y gérmenes causantes de enfermedades, por lo que mantener los bebederos limpios es esencial.

Tareas de mantenimiento semestrales

Limpiar profundamente el gallinero

Se recomienda una limpieza profunda del gallinero al menos dos veces al año. Esto implica lavar todas las superficies del gallinero. Se puede usar una mezcla de lejía y agua para desinfectar y sanear el gallinero completamente. Durante el proceso de limpieza profunda, también se puede intentar rociar algo de tierra de diatomeas en el gallinero. Se ha descubierto que ayuda a deshacerse de parásitos como piojos y ácaros.

Gallineros a prueba de invierno

Los meses de invierno pueden ser estresantes para las gallinas, y es importante preparar el gallinero antes del invierno. En los meses más fríos, puede notar que sus ponedoras dejan de poner huevos o ponen menos huevos de los que normalmente lo harían. Esto se debe a que no reciben suficiente luz del día para estimular la producción de huevos. Las gallinas normalmente requieren un mínimo de 16 horas de luz para la producción de huevos. Durante los meses de invierno, la producción de huevos disminuirá inevitablemente debido a la falta de luz diurna suficiente. Para evitar esta situación, ponga una fuente de luz artificial en el gallinero durante los meses de invierno. Esto ayudará a mantener a sus ponedoras productivas.

También se recomienda añadir más capas de lecho a medida que se aproxima el invierno. Un lecho profundo ayudará a mantener el gallinero bien aislado durante la temporada de frío. También puede necesitar calentadores para los bebederos para evitar que se congelen cuando las temperaturas bajen.

Manteniendo su bandada saludable

Cuando se trata de la administración de la salud para su bandada de patio trasero, la administración de la salud se clasificará en tres categorías básicas:

1. Prevención de enfermedades
2. Intervención temprana
3. Tratamiento de la enfermedad

Prevención de enfermedades

La mejor cosa que puede hacer por sus gallinas es no dejar que se enfermen en absoluto. Por supuesto, en algunas circunstancias, esto no siempre está bajo su control, pero en la mayoría de los casos, puede tomar medidas para reducir el riesgo de enfermedades. Estas medidas preventivas incluyen:

a)   Asegurarse de que sus polluelos estén vacunados contra las enfermedades comunes de las aves de corral.

b)   Si sus polluelos no están vacunados, el uso de alimentos medicados puede ayudar a reforzar el sistema inmunológico.

c)   Mantener un entorno limpio y bien aireado ayudará a reducir al mínimo los riesgos de infecciones.

d)   Proporcionar a sus gallinas un alimento bien equilibrado y adecuado a su edad para garantizar que se satisfagan sus necesidades nutricionales básicas.

e)   Asegurarse de que su bandada tenga acceso a agua potable limpia en todo momento.

f)   Proteger su bandada de condiciones extremas como el calor o el frío extremos.

g)   Mantener su bandada a salvo de los depredadores.

Intervención temprana

Si detecta señales de mala salud a tiempo, es probable que la enfermedad sea mucho más fácil de tratar. Esto también evitará que la enfermedad se extienda a toda la bandada. Para que esto suceda, usted necesita pasar tiempo observando regularmente a sus gallinas y tomando nota de cualquier comportamiento anormal.

Aquí hay algunas señales de advertencia que apuntan a posibles condiciones subyacentes que usted necesita abordar.

a) Secreción de las fosas nasales u ojos

b) Alas caídas

c) El letargo y la falta de movimiento y coordinación

d) Poco apetito

e) Una gallina que de repente deja de poner huevos sin razón aparente

f) Pérdida de peso o retraso en el crecimiento

g) Plumas arrugadas

h) Incapacidad de mantener la cabeza en alto

i) Heridas en las patas

j) Pérdida de plumas

Cuando note que su gallina tiene alguno de los síntomas anteriores, es mejor que busque ayuda de un veterinario lo antes posible. Puede separar la gallina enferma del resto de la bandada para evitar que la enfermedad se extienda al resto de la bandada.

Tratamiento de la enfermedad

Obtener tratamiento para cualquier gallina enferma es importante si no se quiere perder a las aves por enfermedades. Haga que un veterinario revise cualquier ave enferma y le aconseje el tratamiento recomendado o el siguiente paso. Las enfermedades de las gallinas se propagan muy rápidamente, y una gallina infectada puede acabar fácilmente con toda la bandada si no se trata a tiempo.

Enfermedades comunes de las gallinas

Viruela aviar

La viruela aviar es una enfermedad común de las aves de corral. Se transmite por medio de mosquitos, aunque también se propaga de una gallina a otra. Aunque la viruela aviar no es necesariamente mortal, puede causar la muerte en pollos débiles y jóvenes. La viruela usualmente infecta a las aves durante 10 a 14 días. Algunos de los síntomas de la viruela aviar incluyen:

- Llagas del peine
- Manchas blancas en la piel
- Cese de la producción de huevos
- Úlceras bucales

Las gallinas pueden ser vacunadas contra la viruela aviar para minimizar el riesgo de contracción. Sin embargo, una vez que las aves han contraído la enfermedad, el tratamiento se suele hacer con suplementos de vitaminas A, D y E. Las gallinas deben ser alimentadas con comida blanda solo hasta que se curen.

Botulismo

Esta enfermedad es causada por la contaminación de los alimentos o el agua. Aunque el botulismo no es infeccioso, si sus gallinas comparten el mismo comedero y bebedero, todas pueden contraer la enfermedad por el agua o el alimento contaminado. Algunos de los síntomas comunes del botulismo incluyen:

- Pérdida de plumas
- Debilidad
- Temblores y sacudidas
- Parálisis que eventualmente lleva a la muerte

Si la enfermedad se trata a tiempo, el ave puede ser salvada. Algunas personas usan una cucharadita de sales de Epsom en agua caliente como remedio casero.

Bronquitis infecciosa

Esta es una de las enfermedades más comunes en las bandadas de patio trasero. Esta enfermedad puede acabar fácilmente con una bandada entera si no se trata. Estos son algunos de los síntomas que hay que tener en cuenta:

- Pérdida de apetito
- Disminución de la producción de huevos
- Letargo
- Secreción nasal y en los ojos
- Huevos deformes

En última instancia, con un buen cuidado y mantenimiento, sus gallinas pueden vivir vidas felices y productivas. Cuidar de su mascota no solo es satisfactorio, sino que también asegura que usted obtenga huevos de buena calidad de sus gallinas domésticas.

Como cualquier otra empresa, aprenderá más y más sobre la mejor manera de satisfacer las necesidades de sus gallinas con experiencia. Con el tiempo, será más fácil para usted identificar cualquier problema en la bandada y ajustarse en consecuencia. En última instancia, para criar gallinas domésticas saludables, no es necesario tener muchos pastizales ni gastar mucho dinero. Aún puede mantener las cosas simples y tan naturales como sea posible y criar una bandada productiva, feliz y saludable.

Conclusión

Cuidar de un ser vivo es probablemente una de las cosas más gratificantes que alguien puede hacer. La satisfacción y la alegría que vienen de ver algo prosperar bajo su cuidado son invaluables. Por eso, tomarse el tiempo para entender cómo cuidar mejor de sus gallinas no solo es bueno para sus mascotas, sino también para usted. Aprovechar la oportunidad de criar su propia bandada en el patio trasero será mucho más fácil ahora que sabe cómo hacerlo.

Ya sea que esté interesado en la crianza de gallinas para huevos, para carne o simplemente por el simple placer de tener una mascota fácil de manejar, hay muchos beneficios que vienen con la crianza de gallinas en su patio trasero. Siempre y cuando esté dispuesto a dedicar un poco de tiempo y energía al cuidado de sus gallinas, las recompensas superarán cualquier desafío que pueda encontrar en el proceso.

Lo importante es recordar que no necesitará docenas de gallinas para empezar. Una simple bandada de seis aves, si se la cuida bien, puede proporcionarle suficientes huevos para su familia e incluso el excedente puede ser vendido. Comience en pequeño y construya su bandada lentamente a medida que vaya adquiriendo más conocimientos sobre la crianza de gallinas, el cuidado de las mismas y el mantenimiento de su salud.

Una de las mejores cosas de la crianza de gallinas es que es relativamente barata. La mayor parte de lo que necesita para criar y cuidar gallinas son cosas que pueden ser fácilmente improvisadas y hechas en casa. Esto significa que los costos no deben interponerse entre usted y el sueño de tener una bandada de saludables gallinas domésticas para llamarlas como propias. Con un poco de capital, será capaz de recuperar la mayor parte de lo que necesita para comenzar.

Como ya ha dado el primer paso al equiparse con la información y el conocimiento que necesita, el siguiente paso es simplemente comenzar a utilizar el conocimiento que ha adquirido y empezar a prepararse para sus gallinas. La información de este libro es permanente y será útil tanto si decide comenzar con la crianza de gallinas hoy, como en el futuro.

Esperamos que sepa que tenemos todas las herramientas e información que necesita para seguir con este satisfactorio pasatiempo. Finalmente, si el contenido de este libro le ha sido útil, una reseña en Amazon es siempre apreciada.

Vea más libros escritos por Dion Rosser

www.ingramcontent.com/pod-product-compliance
Lightning Source LLC
Chambersburg PA
CBHW050644190326
41458CB00008B/2415